もくじ・学習記録表

「実力完成テスト」の得点を記録し，弱点分野を発見しましょう。

別冊は，本冊と軽くのりづけされていますので，
はずしてお使いください。

身のまわりの現象

光や音の性質,凸(とつ)レンズと像(ぞう),力のはたらきでは,原理を理解しながら現象をおさえることが大切です。音の速さや力のはたらきでは,計算力も身につけておきましょう。

基礎の確認

解答▶別冊 p.2

●文中の〔　〕に適する語を書き,{　}は適する語を選びましょう。

❶ 光の反射

▶**反射の法則**…光が鏡などで**反射**するとき,常に〔①　　　　　〕と**反射角**は等しい。

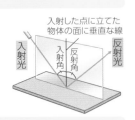

❷ 光の屈折(くっせつ)

▶**光の屈折**…光が異なる物質(ぶっしつ)の間を進むとき,境界面で折れ曲がる現象。

▶**空気中から水中へ進む光**…**屈折角**は**入射角**(くっせつかく)(にゅうしゃ)より {①大きい　小さい}。一部は反射する。

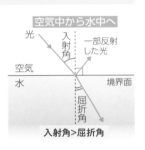

▶〔②　　　　　　〕…光が水やガラスから空気中へ進むとき,入射角が一定以上大きくなると,屈折せずにすべて反射する現象。

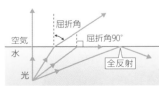

❸ 凸レンズと像

▶**凸レンズを通る光**…
❶**光軸に平行な光**(こうじく),
❷**凸レンズの中心を通る光**,❸**焦点を通る光**(しょうてん)は,右図のように進む。

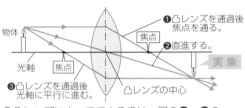

❶凸レンズを通過後焦点を通る。
❷直進する。
❸凸レンズを通過後光軸に平行に進む。
実像

●凸レンズによってできる像は,図の❶～❸の光線のうち2本を使って作図する。

a）光軸に平行に進む光が集まる点を〔①　　　　　〕という。

b）物体が**焦点の外側**のとき,できる像は {②正立　倒立}(せいりつ)(とうりつ) の {③実(じつ)像　虚像}(ぞう)(きょぞう) である。また,物体が**焦点の内側**のとき,見える像は {④正立　倒立} の {⑤実像　虚像} である。

くわしく 鏡での反射

反射した光は,鏡の裏側の,鏡をはさんで物体と対称(たいしょう)の位置から出たように進む。(ぶったい)

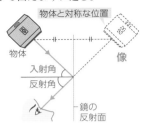

くわしく 水中→空気中へ進むとき

光が水中から空気中へ進むとき,**屈折角＞入射角**となる。

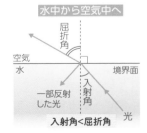

ミス注意 虚像の作図

下図のように,光軸に平行な光とレンズの中心を通る光を逆に延長して像を作図する。

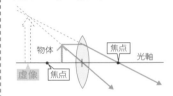

❹ 音の性質と速さ

▶ 音の伝わり方…物体やそのまわりの空気が〔① 〕**して波**となって伝わる。音を発生しているものを〔② 〕という。
└発音体ともいう

▶ 音の大きさと音の高さ…音の大きさは〔③ 〕の大きさによって決まり，音の高さは〔④ 〕の多さによって決まる。

オシロスコープで見た波形

1回の振動
振動数が多い
⇩
音が〔⑤ 〕
振幅…大きい⇨音が〔⑥ 〕

▶ 音の伝わる速さ…音は空気中を約340 m/sで進む。

打ち上げ花火が見えてから3秒後に音が聞こえた。花火までの距離は〔⑦ 〕mである。（音の速さは340 m/sとする。）
きょり

❺ 力のはたらきと種類

▶ 力のはたらき…物体に力が加わると，**物体の形を変える。物体の**〔① 〕**を変える。物体を持ち上げたり，支えたりする。**
└速さや向き

▶ 力の種類…物体どうしがふれ合ってはたらく力には，**弾性力，摩**
だんせいりょく ま
擦力，〔② 〕などがある。離れていてもはたらく力には，〔③ 〕，**磁力，電気力**などがある。
さつりょく └物体が接している面から垂直に受ける力 びりょく はな
└地球が中心に向かって引く力

▶ 力の3要素…力の3要素は，力がはたらく点である〔④ 〕点，力の〔⑤ 〕，力の向きの3つである。
└力がはたらく点

❻ 力の大きさとばねののび

▶ 力の大きさ…力の大きさは〔① 〕（記号N）という単位で表す。1 Nは，約〔② 〕gの物体にはたらく重力の大きさ。
じゅうりょく
a）1 kgの物体にはたらく重力の大きさは約〔③ 〕N。

▶ ばねののび…ばねののびは，加える力の大きさに〔④ 〕する。これを〔⑤ 〕の法則という。
└イギリスの科学者

b）右図において，ばねAが10 cmのびたとき，ばねに加えた力は，〔⑥ 〕Nである。

❼ 2力のつり合い

▶ 2力がつり合う条件…2力がつり合うとき，次の関係が成り立つ。
a）2力の〔① 〕は等しい。
b）2力の〔② 〕は反対である。
c）2力は〔③ 〕にある。
└作用線

1
日目

2
日目

3
日目

4
日目

5
日目

6
日目

7
日目

8
日目

9
日目

10
日目

くわしく 振幅と振動数
しんぷく しんどうすう
●**振幅**…振動の中央から振動する端までの長さ。振れ幅（波の高さ）のこと。
はし ふ はば
●**振動数**…1秒間に振動する回数。単位はヘルツ（記号Hz）。
しんどうすう

確認 音源までの距離
音源までの距離〔m〕
＝音の速さ×かかった時間
〔m/s〕 〔s〕

ミス注意 重さと質量
重さは，物体にはたらく重力の大きさ。月面では地球上の約$\frac{1}{6}$。単位はN（ニュートン）。
質量は，物質そのものの量。物質の状態や場所などが変わっても変化しない。単位はg（グラム）やkg（キログラム）など。

くわしく 力の表し方
作用点➡矢の始点
力の向き➡矢の向き
力の大きさ➡矢の長さ

確認 力の大きさとばねののび
力の大きさとばねののびの関係をグラフで表すと，下図のような原点を通る直線になる。

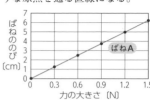

ばねののび〔cm〕
力の大きさ〔N〕
ばねA

くわしく 2力のつり合い
大きさが等しく，向きが反対
物体
同一直線上
1つの物体に2つ以上の力が加わっても物体が動かないときは，加えた2力がつり合っている。

1日目 実力完成テスト

＊解答と解説…別冊 p.2
＊時　間………20分
＊配　点………100点満点

得点

点

1 右の**図1**は光が鏡の面で反射したところであり，**図2**は光が空気中から水中に入射したときの光の進み方を示したものである。次の問いに答えなさい。 〈5点×4〉

(1) **図1**で，∠**P**と∠**Q**の大きさはどうなっているか。等号や不等号の式で示せ。 （　　　　　　　）

(2) (1)のようになる法則を何というか。 （　　　　　　　）

(3) **図2**のとき，光は水中をどのように進むか。**ア〜ウ**から，最も適するものを選べ。 （　　　　　　　）

(4) (3)のようになる光の性質を光の何というか。 光の（　　　　　　　）

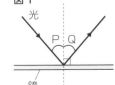

図1

光

P Q

鏡

図2

光

空気
水

ウ
ア イ

2 右の図のように，ヒトの上部に糸でつり下げられた小球**P**がある。次の問いに答えなさい。 〈5点×2〉

(1) 小球**P**が鏡に映り，ヒトの目に見えるまでの光の進み方の一部を右の図に示した。このあとの光の進み方を作図せよ。ただし，作図した線は残し，糸はかかなくてよい。

(2) 鏡に映って見える小球**P**の像は，実像か，それとも虚像か。

（　　　　　　　）

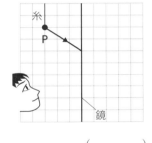

糸
P

鏡

3 右下の図は，凸レンズの焦点**F**より外側に，物体を置いたときのようすを示したものである。次の問いに答えなさい。 〈(1)，(3)〜(5)4点×4，(2)は3点×3〉

(1) 物体の先端から出る光軸に平行な光と，凸レンズの中心**O**を通る光を使って，できる像を右の図中に作図せよ。

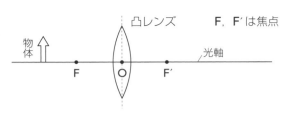

凸レンズ　　**F**，**F′**は焦点

物体

光軸

F O F′

(2) 作図で求めた像は，どんな像か。①〜③について適するものに○をつけよ。

　像は①{ 実像　虚像 }で，上下左右の向きは物体と②{ 同じ　逆 }向きである。また，像の大きさは，物体と比べて③{ 大きい　小さい }。

(3) 物体を図の位置より右に動かして**F**の上に置いたとき，像はできるか。 （　　　　　　　）

(4) 物体をさらにレンズに近づけて，**F**とレンズの間に置いたとき，見える像は何という像か。 （　　　　　　　）

(5) (4)の像はスクリーンなどに映すことができるか。 （　　　　　　　）

4 モノコードの音や，音の伝わり方について，次の問いに答えなさい。　〈5点×2〉

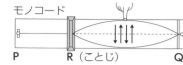

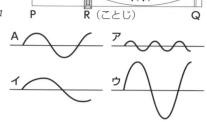

(1) 右の図のモノコードの弦をはじいたときの音を，オシロスコープで調べると，波形は右の**A**のようになった。弦をはじく強さは変えないで，**R**（ことじ）を**P**に近づけてはじいたときの波形はどのようになるか。**ア〜ウ**からあてはまるものを選べ。　（　　　　）

(2) 花火が打ち上げられてから5秒後にドーンという音が聞こえた。音の速さを340 m/sとすると，花火を打ち上げたところまでの距離は何mか。　（　　　　）

5 右の**図1**のような長さ10 cmのばねにおもりをつり下げ，ばねののびとばねを引く力の大きさの関係を調べた。**図2**はその結果をグラフに表したものである。次の問いに答えなさい。　〈5点×5〉

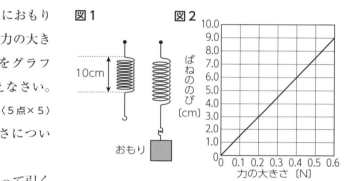

図1　図2

(1) ばねののびとばねを引く力の大きさについて，次の各問いに答えなさい。

① 地球がおもりを地球の中心に向かって引く力を何というか。　（　　　　）

② 次の文の□□□にあてはまる言葉を書け。　（　　　　）

　　図2より，ばねののびは，ばねを引く力の大きさに□□□する。

③ ②の法則を何というか。　（　　　　）

(2) ばねに重さが0.8 Nのおもりをつり下げたときのばねののびは何cmか。　（　　　　）

(3) ばねの全体の長さが25 cmになったとき，ばねにつるしたおもりの質量は何gか。ただし，100 gの物体にはたらく重力の大きさを1 Nとする。　（　　　　）

6 右の図のように，1つの物体に同じ大きさの2つの力を加えた。これについて，次の問いに答えなさい。　〈5点×2〉

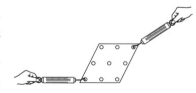

(1) 物体が静止したとき，物体とばねばかりの位置関係として正しいものを次の**ア〜エ**から1つ選べ。　（　　　　）

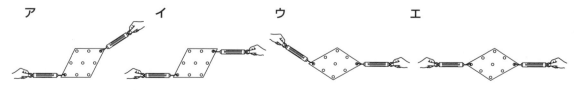

ア　　　　**イ**　　　　**ウ**　　　　**エ**

(2) 一方のばねばかりの値が5 Nのとき，もう一方のばねばかりの示す値は何Nか。　（　　　　）

身のまわりの物質

2日目

有機物，融点，沸点，再結晶など，重要な用語が多く出てきます。意味を確実におさえましょう。実験装置やグラフの読みとりも出るので要注意です。

基礎の確認

解答▶別冊 p.3

●文中の〔　〕に適する語を書き，{　}は適する語を選びましょう。

❶ 物質の性質

▶〔①　　　　　〕…炭素をふくむ物質。
└砂糖やデンプン

▶〔②　　　　　〕…有機物以外の物質。ほとんどは炭素をふくまない。
└食塩やガラス

▶**金属**…金属は〔③　　　　　〕や**熱**を伝えやすく，〔④　　　　　〕や展性がある。みがくと〔⑤　　　　　〕が出る。
└引っ張るとのびる
└金属特有のかがやき
金属以外の物質を〔⑥　　　　　〕という。

▶**密度**…密度は物質に固有の値である。

▶**純粋な物質（純物質）**…〔⑧　　〕種類の物質からできているもの。
└例）水，銅，塩化ナトリウム

▶〔⑨　　　　　〕…２種類以上の物質が混ざっているもの。
└例）食塩水，塩酸，石油

❷ 物質の状態変化

▶**状態変化**…物質が**固体⇄液体⇄気体**と変化すること。

▶**状態変化と質量・体積**…物質が固体→液体→気体と**状態変化**すると，多くは体積が増加するが質量は〔①　　　　　〕。

▶〔②　　　　　〕…**固体**から**液体**に変化するときの温度。

▶〔③　　　　　〕…**液体**が沸騰して**気体**に変化するときの温度。

▶**融点・沸点の特徴**…④{純粋な物質　混合物}の融点や沸点は一定の値を示す。⇨右上のグラフにおいて，**A**のときの温度を水の〔⑤　　　　　〕といい，**B**のときの温度を水の〔⑥　　　　　〕という。

▶〔⑦　　　　　〕…液体を熱して気体にし，その気体を冷やして再び液体にしてとり出すこと。

▶**エタノールと水の混合物の蒸留**…低い温度では，**沸点の低い**⑧{エタノール　水}が多く出てくる。

ミス注意 有機物
炭素や二酸化炭素は，炭素をふくむが**無機物**である。

くわしく 有機物の特徴
加熱するとこげて炭になり，**二酸化炭素**と多くは**水**ができる。

$$密度〔g/cm^3〕＝\frac{物質の〔⑦　　　　〕〔g〕}{物質の体積〔cm^3〕}$$

ミス注意 水の体積の変化
水は**液体**から**固体**に変化すると**体積**は大きくなる。

くわしく 粒子の結びつき
固体→液体→気体と変化すると，結びつきがゆるやかになり，粒子間の距離は大きくなる。

物質の状態変化
気体 → 加熱　冷却
固体　液体

水の温度と状態変化

B（液体＋気体）　気体
温度〔℃〕　100
A（固体＋液体）　液体
固体
0　加熱した時間〔分〕
純粋な物質では，沸点や融点で温度は一定になる

水とエタノールの混合物の温度変化

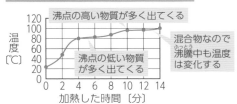

沸点の高い物質が多く出てくる
温度〔℃〕 120 100 80 60 40 20
0 2 4 6 8 10 12 14
加熱した時間〔分〕
沸点の低い物質が多く出てくる
混合物なので沸騰中も温度は変化する

6

❸ 気体の性質

▶ 気体の集め方…気体の集め方には次の３つの方法がある。

●〔① 　　　〕…水にとけにくい気体を集める方法。

●〔② 　　　〕…水にとけやすく，空気より密度が小さい気体を集める方法。

●〔③ 　　　〕…水にとけやすく，空気より密度が大きい気体を集める方法。

▶ おもな気体の性質…下の表のようになる。

	二酸化炭素	酸素	水素	アンモニア
発生方法	〔④　　　〕＋うすい塩酸	二酸化マンガン＋〔⑥　　　〕	亜鉛，鉄などの金属＋うすい〔⑧　　　〕	塩化アンモニウムと水酸化カルシウムを混ぜて加熱
色	無色	無色	無色	無色
におい	無臭	無臭	無臭	刺激臭
水へのとけ方	少しとける	とけにくい	とけにくい	よくとける
空気の密度との比較	〔⑤　　　〕	大きい	小さい	〔⑩　　　〕
気体の集め方	水上置換(下方置換)法	〔⑦　　　〕	〔⑨　　　〕	〔⑪　　　〕

❹ 水溶液の性質と濃度

▶ 溶液…〔①　　　〕と〔②　　　〕からできている。
└とけている物質　　└とかしている液体

▶〔③　　　〕…液体にとけ残った固体をろ紙でこし分ける方法。

▶ 濃度の表し方…溶液全体の質量に対する溶質の質量の割合で表す。

$$質量パーセント濃度〔\%〕=\frac{〔④　　　〕の質量〔g〕}{溶液の質量〔g〕}×100$$

▶ 濃度の計算…水100 gに砂糖25 gを加え，完全にとかしてできた砂糖水の質量パーセント濃度は，〔⑤　　　〕％である。

❺ 溶解度

▶〔①　　　〕…一定量の水にとかせる物質の限度の量。

▶〔②　　　〕…物質が溶解度までとけている水溶液。

▶ 再結晶…固体を液体にとかしたあと，再び〔③　　　〕としてとり出す方法。
└いくつかの平面で囲まれた規則正しい形の固体

▶ 結晶のとり出し方…温度による溶解度の差が大きい物質を水溶液からとり出すには，水溶液の温度を{④上げる　下げる}。温度による溶解度の差が小さい物質をとり出すには，水を蒸発させる。

確認 ろ過の方法

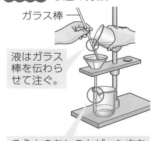

液はガラス棒を伝わらせて注ぐ。

ろうとのあしのとがった方をビーカーの壁につける。

グラフ：
硝酸カリウム　硫酸銅
ミョウバン
塩化ナトリウム
ホウ酸
100 gの水にとける量〔g〕
温度〔℃〕

くわしく 溶解度と溶解度曲線
溶解度は物質の種類によって決まっていて，固体の溶解度は，ふつう温度が高くなるほど大きくなる。また，温度と溶解度の関係を表した左図のような曲線を溶解度曲線という。

ミス注意 飽和水溶液の濃度
飽和水溶液は，物質を限度量までとかした水溶液であるが，質量パーセント濃度は，100％ではないので注意しよう。

実力完成テスト

＊解答と解説…別冊 p.3
＊時　間………20分
＊配　点………100点満点

得点

点

1 右の図のように，砂糖，木片，食塩，プラスチック片，鉄粉をそれぞれ燃焼さじにのせて加熱し，石灰水を入れた集気びんの中で燃えるものはすべて燃やした。その後，物質をとり出して集気びんを振ると，砂糖，木片，プラスチック片の場合は石灰水が白くにごり，食塩，鉄粉は変化しなかった。次の問いに答えなさい。　　　　　　　　　　　　〈4点×5〉

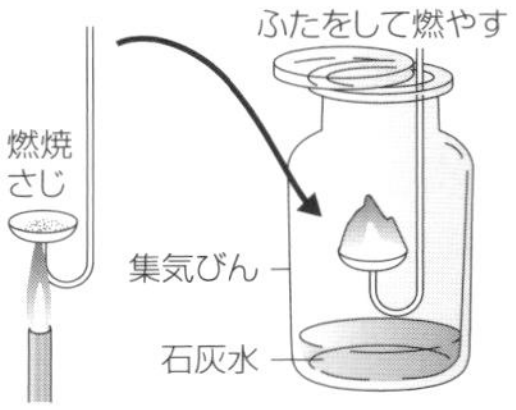

ふたをして燃やす
燃焼さじ
集気びん
石灰水

(1)　石灰水が白くにごったことから，燃えて何が発生したとわかるか。　　（　　　　　　　）

(2)　燃やした物質のうち，有機物をすべて書け。　　　　（　　　　　　　　　　　　　）

(3)　金属はみがくと光を受けてかがやく。この性質を何というか。　　（　　　　　　　）

(4)　鉄の質量は6.3 g，体積は0.8 cm³であった。鉄の密度は何g/cm³か。小数第2位を四捨五入して，小数第1位まで求めよ。　　　　　　　　　　　　　　（　　　　　　　）

(5)　水銀の密度は13.5 g/cm³である。鉄を水銀に入れたとき，鉄は水銀に浮くか，沈むか。(4)の結果をもとに答えよ。　　　　　　　　　　　　　　　　　（　　　　　　　）

2 氷を容器に入れて加熱した。次の問いに答えなさい。〈3点×3〉

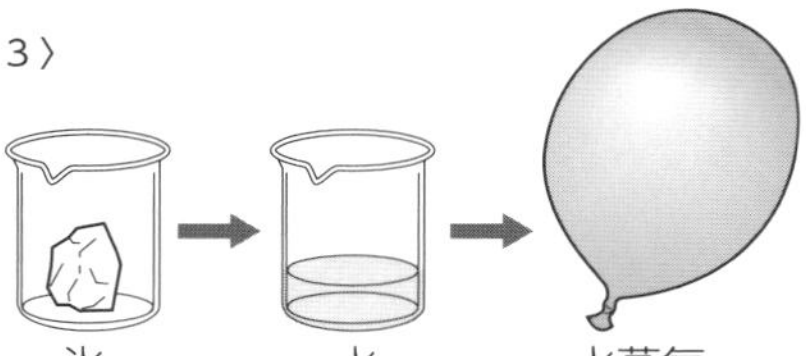

(1)　固体の氷が液体の水や気体の水蒸気にすがたを変えることを何というか。　　（　　　　　　）

氷　　→　　水　　→　　水蒸気

(2)　次の**ア**～**エ**から増加しているものを選べ。　（　　　　）

ア　氷→水の変化のときの質量　　　**イ**　氷→水の変化のときの体積

ウ　水→水蒸気の変化のときの質量　　**エ**　水→水蒸気の変化のときの体積

(3)　一般に，物質が固体→液体→気体とすがたを変えるとき，粒子どうしの距離はどうなるか。

（　　　　　　　　　）

3 右の**図1，2**は気体を発生させる実験のようすを示したものである。次の問いに答えなさい。

〈4点×6〉

図1
X
うすい塩酸
水
亜鉛

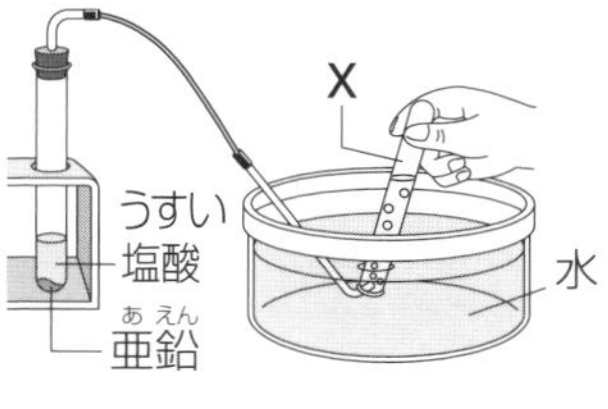

図2
うすい塩酸
石灰石
Y

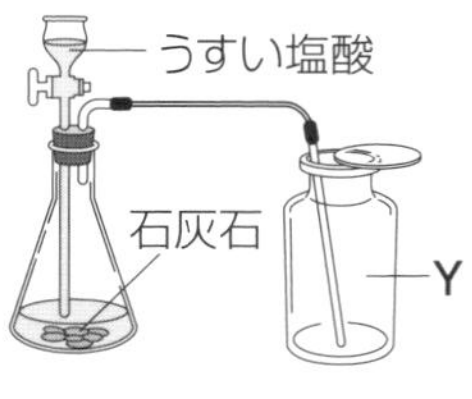

(1)　**図1**で発生する気体**X**と**図2**で発生する気体**Y**はそれぞれ何か。

X（　　　　　　　）　**Y**（　　　　　　　）

(2)　**図1，2**の気体の集め方の名前をそれぞれ書け。　　　図1（　　　　　）　図2（　　　　　）

(3)　**図1**の捕集法は，どのような性質の気体を集めるのに適しているか。　（　　　　　　　）

(4)　気体**Y**を石灰水に通すと，石灰水はどのように変化するか。　　　（　　　　　　　）

4 水とエタノールの混合物を**図1**のような装置で加熱した。次の問いに答えなさい。　〈4点×5〉

(1) 沸騰石を入れる理由を書け。

（　　　　　　　　　　　　　　　）

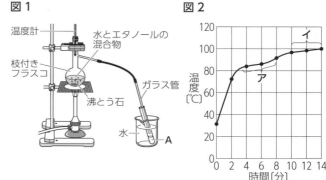

(2) **図2**のグラフの**ア**のとき，**図1**の**A**にたまる液体に多くふくまれる物質は何か。

（　　　　　　　　　）

(3) **図2**のグラフの**イ**のとき，**図1**の**A**にたまる液体に多くふくまれる物質は何か。

（　　　　　　　　　）

(4) この実験を行うときに，ガラス管の先を**A**の液につけないようにするのはなぜか，その理由を書け。　　　　　　　　（　　　　　　　　　　　　　　　　　　　　　　　）

(5) この実験のように，液体を加熱して気体にし，それを冷やして再び液体をとり出すことを何というか。漢字2字で書け。　　　　　　　　　　　　　　（　　　　　　　　　）

5 右の**図1**はいろいろな物質の溶解度曲線，**図2**はろ過の方法を示したものである。70℃の水100gに硝酸カリウムをとけるだけとかして水溶液をつくった。次の問いに答えなさい。　〈3点×4〉

(1) 硝酸カリウム水溶液の溶質は何か。

（　　　　　　　　　）

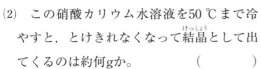

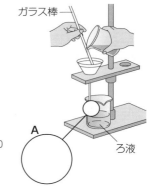

(2) この硝酸カリウム水溶液を50℃まで冷やすと，とけきれなくなって結晶として出てくるのは約何gか。　（　　　　　　）

(3) 硝酸カリウム水溶液と結晶を分けるためにろ過した。ろうとの先はどのようにすればよいか。**図2**の**A**の中にかけ。

(4) 水溶液を冷やして結晶をとり出すのに適するのはミョウバンと塩化ナトリウムのどちらか。　　　　　　　（　　　　　　　）

6 右の図のように，**A**，**B**それぞれの水に食塩を完全にとかして食塩水をつくった。次の問いに答えなさい。　〈5点×3〉

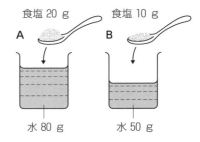

(1) **A**の食塩水にさらに60gの水を加えると，食塩水の質量パーセント濃度は何％になるか。　（　　　　　　　）

(2) **B**の食塩水の質量パーセント濃度は何％か。小数第1位を四捨五入して求めよ。　（　　　　　　　）

(3) **B**の食塩水の質量パーセント濃度を20％にするためには，水を何g蒸発させるとよいか。

（　　　　　　　　　　　）

3 日目

電流とその利用

オームの法則をふくめ，回路での電流，電圧，抵抗の関係を確実につかむこと。
また，電力と電力量，電流による発熱について理解しましょう。

基礎の確認

解答▶別冊 p.4

●文中の〔　〕に適する語を書き，{　}は適する語を選びましょう。

❶ 回路と電流・電圧

▶ 電流…電気の流れ⇨単位はアンペア（記号〔①　　　〕），ミリ
アンペア（記号〔②　　　〕）。

▶〔③　　　　〕…電流が流れる道すじ。

▶ 電圧…回路に電流を流そうとするはたらき。
⇨単位はボルト（記号〔④　　　〕）

▶〔⑤　　　〕回路…電流の通り道が１本の
回路。

▶〔⑥　　　〕回路…電流の通り道が途中で
２本以上に枝分かれする回路。

直列回路

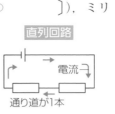

電流

通り道が1本

並列回路

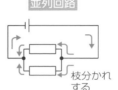

枝分かれ
する

❷ 直列回路の電流・電圧

▶ 電流と電圧の大きさ

a）電流の大きさ…各点を流れる電流の大きさは，{①どの点でも同じ　場所によってちがう}。

b）電圧の大きさ…全体の
電圧は，各部分の電圧の
〔②　　　　〕である。

電流の関係
$I = I_1 = I_2$
電圧の関係
$V = V_1 + V_2$

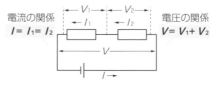

❸ 並列回路の電流・電圧

▶ 電流と電圧の大きさ

a）電流の大きさ…枝分
かれする前の電流と，
枝分かれしたあとの電
流の和は{①等しい　ちがう}。

電流の関係
$I = I_1 + I_2$
電圧の関係
$V = V_1 = V_2$

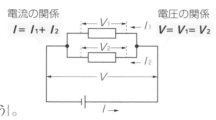

b）電圧の大きさ…全体の電圧は，各部分に加わる電圧の大きさ
と{②等しい　ちがう}。

確認 電気用図記号

次のような記号がある。

電池
（直流電源）　　スイッチ

電気抵抗
（抵抗器）　　電球

電流計　　　　電圧計

確認 電流の流れる向き

電源の＋極から出て，−極に
流れこむと決められている。

ミス注意 電流計と電圧計のつなぎ方

● 電流計…回路のはかろうとする部分に**直列**につなぐ。

● 電圧計…回路のはかろうとする部分に**並列**につなぐ。

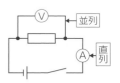

並列

直列

くわしく 電流計の読み方

つないだ−端子

5 A端子→2.20 A

500 mA端子→220 mA

50 mA端子→22.0 mA

❹ 電流と電圧の関係

▶ [① 　　　　] …電流の流れにくさ。

▶ **オームの法則**…回路を流れる電流の大きさは，電圧の大きさに {②比例　反比例} する。

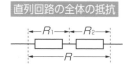

原点を通る直線

電熱線に流れた電流〔A〕

電熱線に加えた電圧〔V〕

電熱線A　抵抗が小さい

電熱線B　抵抗が大きい

電熱線に 2 V の電圧を加えると 0.2 A の電流が流れた。この電熱線の抵抗は [③ 　　　] Ω である。

1
日目

2
日目

3
日目

4
日目

5
日目

6
日目

7
日目

8
日目

9
日目

10
日目

❺ 回路全体の抵抗

▶ **直列回路**…回路全体の抵抗は，各電熱線の抵抗の [① 　　　] である。

▶ **並列回路**…回路全体の抵抗は，各電熱線の抵抗よりも {②大きい　小さい}。

直列回路の全体の抵抗

$R = R_1 + R_2$

並列回路の全体の抵抗

$\dfrac{1}{R} = \dfrac{1}{R_1} + \dfrac{1}{R_2}$ 　 $R < R_1,\ R < R_2$

❻ 電力量・電流による発熱

▶ [① 　　　　] …1秒あたりに消費する電気エネルギーの量。

電力 P〔W〕= 電圧 V〔V〕× 電流 I〔A〕

▶ **消費電力**…電気器具が1秒間に消費する電力。

▶ [② 　　　　] …一定時間電流が流れたときに消費する電気エネルギーの総量。

電力量 W〔J〕= 電力 P〔W〕× 時間 t〔s〕

2 W の電力を2時間使ったときの電力量は [③ 　　　]Wh。

▶ **電流による発熱**…電熱線の発熱量は電力と電流を流した [④ 　　　] に**比例**する。

熱量 Q〔J〕= 電力 P〔W〕× 時間 t〔s〕

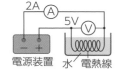

2A　5V

電源装置　水　電熱線

❼ 静電気・電流の正体・放射線

▶ [① 　　　　] …2種類の物質をこすり合わせたときに，物質が帯びる電気。

⇨**同種の電気**は反発し合い，**異種の電気**は引き合う。

－の電気を失った物質 ➡ ＋の電気をもつ

－の電気をもらった物質 ➡ －の電気をもつ

▶ [② 　　　　] (電子線)…真空放電管内を－極から＋極に向かう [③ 　　　] の流れ。

陰極線の進路が直線状に光る　陰極線は直進する

放電管
－極　＋極
蛍光物質をぬった板

▶ [④ 　　　　] …α線やβ線，X線など，目に見えないもの。物質を透過する性質や殺菌作用などがある。

くわしく オームの法則の式と変形

電圧 V = 抵抗 R × 電流 I
〔V〕　　〔Ω〕　　〔A〕

$$R = \dfrac{V}{I},\ \ I = \dfrac{V}{R}$$

確認 マークで覚えよ

R を求めたいときは，R を指でかくすと，

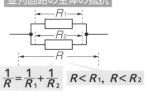

$\dfrac{V}{R \times I}$

⇨ 式 $(R = V \div I)$ が求められる。

くわしく 電力と電力量の単位

電力の単位は**ワット**（記号 W）。

電力量の単位には，**ジュール**（記号 J）のほかに**ワット時**（記号 Wh）や**キロワット時**（記号 kWh）などがある。

1 Wh = 1 W × 1 h
　　 = 1 W × 3600 s = 3600 J
1000 Wh = 1 kWh

くわしく 熱量の表し方

水 1 g を 1℃上昇させるのに必要な熱量は，**1カロリー**（記号 cal）で表すこともできる。

1 cal は約4.2 J である。

くわしく ストローをティッシュペーパーでこすったときの変化

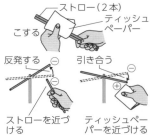

ストロー（2本）
ティッシュペーパー
こする

反発する　引き合う

ストローを近づける　ティッシュペーパーを近づける

電流とその利用

実力完成テスト

＊解答と解説…別冊 p.4
＊時　間………20分
＊配　点………100点満点

得点

点

---

1 右の**図1**のように乾電池，スイッチ，豆電球，電流計をつないだ回路がある。次の問いに答えなさい。〈3点×4〉

(1) **図1**の電流計の＋端子は，**a**，**b**のどちらか。（　　　）

(2) **図1**の回路を，**図2**中に電気用図記号を用いて表せ。

(3) **図1**の回路のスイッチを入れたところ，電流計の針は**図3**のように指した。このとき，回路に流れた電流の大きさは何Aか。ただし，－端子は5Aにつないであるものとする。（　　　　）

(4) **図1**の回路では，電流は**ア・イ**のどちらの向きに流れるか。（　　　）

図1
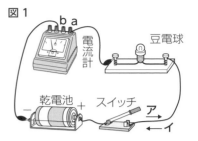

図2

図3

---

2 右の図のような回路がある。スイッチを入れたとき，電熱線**a**には3Aの電流が流れ，電熱線**b**の両端には6Vの電圧が加わった。次の問いに答えなさい。〈3点×6〉

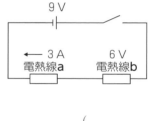

(1) 図のような枝分かれのない回路を何回路というか。（　　　　）

(2) 電熱線**b**に流れる電流の大きさは何Aか。（　　　）

(3) 回路全体の電流の大きさは何Aか。（　　　）

(4) 電熱線**a**に加わる電圧の大きさは何Vか。（　　　）

(5) 電熱線**a**と**b**の抵抗の大きさは，それぞれ何Ωか。

電熱線**a**（　　　） 電熱線**b**（　　　）

---

3 右の図のような回路がある。スイッチを入れたとき，電熱線**a**に2Aの電流が流れ，回路の**P**点には5Aの電流が流れた。次の問いに答えなさい。〈4点×5〉

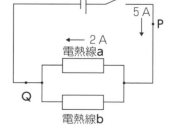

(1) 図のような枝分かれのある回路を何回路というか。（　　　　）

(2) 電熱線**b**に流れる電流の大きさは何Aか。（　　　）

(3) 回路の**Q**点を流れる電流の大きさは何Aか。（　　　）

(4) 電熱線**a**と**b**の抵抗の大きさは，それぞれ何Ωか。

電熱線**a**（　　　） 電熱線**b**（　　　）

4 2本の電熱線P，Qについて，加えた電圧の大きさと流れた電流の大きさの関係を調べたら，右のグラフのようになった。次の問いに答えなさい。　　　　　　　　　　　　　　　〈4点×6〉

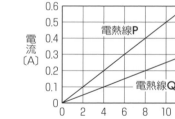

(1) 電熱線Pに20 Vの電圧を加えると，流れる電流の大きさは何Aになるか。　　　　　　　（　　　　　　　）

(2) 電熱線Qに0.5 Aの電流を流すためには，何Vの電圧を加えればよいか。　　　　　　　（　　　　　　　）

(3) 電熱線P，Qの抵抗の大きさはそれぞれ何Ωか。

　　　電熱線P（　　　　　　　）　電熱線Q（　　　　　　　）

電熱線P，Qをつないで，右の図の**ア・イ**のような回路をつくった。

(4) **ア**の回路全体の抵抗はいくらか。（　　　　　　　）

(5) **イ**の回路全体の抵抗をRとしたとき，Rの大きさは電熱線P，Qの抵抗の大きさと比べてどうなるか。　　　　　　（　　　　　　　）

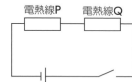
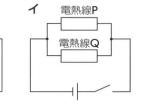

5 右の図のように，200 gの水の中に電熱線を入れて，回路に5 Vの電圧を加えると，電流計は1.2 Aを示した。また，はじめの水温は15℃だったが，電流を流し始めてから7分後には18℃になった。次の問いに答えなさい。ただし，電熱線から発生した熱は，すべて水の温度上昇に使われたものとする。　　　　　〈(1), (2)5点×2, (3)4点〉

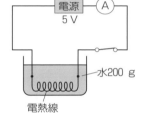

(1) この電熱線の消費電力はいくらか。　　　　　　（　　　　　　　）

(2) 7分間に電熱線から発生した熱量はいくらか。　　　　　　（　　　　　　　）

(3) 水1 gの温度を1℃上げるのに必要な熱量はいくらか。　　　　　　（　　　　　　　）

6 静電気や陰極線，放射線について，次の問いに答えなさい。〈4点×3〉

(1) プラスチックのストローを2本まとめてティッシュペーパーでこすった。そのうち1本を**図1**のように糸でつるし，その右端に手前からもう1本のストローやティッシュペーパーを近づけたとき，つるしたストローが離れるように動くのは，ストローとティッシュペーパーのどちらを近づけたときか。　　　　　（　　　　　　　）

(2) **図2**の放電管の**ア**，**イ**の電極に高電圧をかけると，回転車が図の矢印のように回転した。＋極は**ア**，**イ**のどちらか。（　　　　　　）

(3) レントゲン検査などに使われるX線は，放射線のある性質を利用している。その放射線の性質を簡単に書け。

　　　　　　（　　　　　　　　　　　　　　　　　）

図1

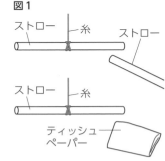

図2

1 日目
2 日目
3 日目
4 日目
5 日目
6 日目
7 日目
8 日目
9 日目
10 日目

4 日目 電流と磁界

コイルのまわりの磁界，電流が磁界中で受ける力の向き，電磁誘導についてしっかりつかみましょう。磁界や電流の向きの読みとりには注意しましょう。

基礎の確認

解答▶別冊 p.5

●文中の〔 　 〕に適する語を書き，{ 　 }は適する語を選びましょう。

① 磁石の磁界

▶**磁力と磁界**…磁極間や磁極と鉄片との間にはたらく力を〔① 　 〕といい，その力がはたらく空間を，〔② 　 〕という。

a）磁界中の磁針の〔③ 　 〕極の指す向きが磁界の向きである。

b）磁界の向きに沿ってかいた線を〔④ 　 〕という。

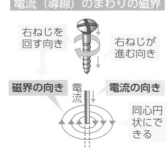

磁石の磁界

磁界の向き＝N極のさす向き
磁力線
磁極が最も磁力が強い
S　N　磁針

くわしく 磁極の磁力

磁石の両端に近い部分を**磁極**といい，磁力が最も強い。

くわしく 磁力線の間隔

磁界の強さが強いほど，磁力線の間隔は密に（せまく）なる。したがって，磁極付近の磁力線の間隔は最も密になる。

② 電流（導線）のまわりの磁界

▶導線に電流を流すと，磁界は導線を中心として〔① 　 〕状にできる。

a）〔② 　 〕の法則…電流のまわりの磁界の向きは，電流の向きに合わせて右ねじを進めると，右ねじを回す向きにできる。

b）右の図で導線に矢印の向きに電流を流したとき，磁界の向きは{③ ア　イ }である。

電流（導線）のまわりの磁界

右ねじを回す向き　右ねじが進む向き
磁界の向き　電流
電流の向き
同心円状にできる

ア　イ　導線
電流の向き

くわしく 磁界の強さと電流（導線）からの距離の関係

電流（導線）からの距離が近いほど，磁界は強くなる。

確認 電流のまわりの磁界の向きを求める別の方法

右手の指の向きに注目する。

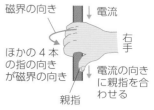

磁界の向き　電流
ほかの4本の指の向きが磁界の向き
右手
電流の向きに親指を合わせる
親指

③ コイルのまわりの磁界

▶コイルの内側にできる磁界を求めるときは，右手の4本の指先を〔① 　 〕の向きに合わせる。また，コイルの外側の磁界の向きは，内側の磁界の向きと〔② 　 〕向きである。

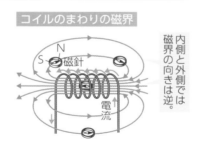

コイルのまわりの磁界

N
S　磁針
電流

内側と外側では磁界の向きは逆。

確認 コイルの内側の磁界の向きの求め方

4本の指先を電流の向きに合わせる ｜ 親指がコイルの内側の磁界の向き

磁界の向き
右手
電流の向き
電流

❹ 電流が磁界から受ける力

▶磁界の中に置いた電流が受ける力の
向きは，**磁界の向き**と**電流の向き**
の両方に〔① 〕である。

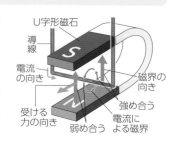

U字形磁石
導線
電流
の向き
磁界の
向き
強め合う
電流に
よる磁界
受ける
力の向き
弱め合う

▶磁界の向きか電流の向きの一方が逆
向きになると，受ける力の向きは
〔② 〕向きになる。

a）右の図のようなとき，導線の動く
向きは〔③**ア　イ　ウ　エ**〕である。

b）電流の向きが逆のとき，導線の動く
向きは〔④**ア　イ　ウ　エ**〕である。

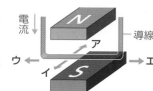

電流
N
導線
ア
ウ ← → エ
イ
S

❺ 電磁誘導（でんじゆうどう）

▶〔① 〕…コイルの中の**磁界**が変化すると，コイルに
電圧（でんあつ）が生じる現象。

▶〔② 〕…電磁誘導によって流れる電流。

▶**誘導電流**（ゆうどうでんりゅう）**の大きさ**…**磁石の磁力**が〔③**強い　弱い**〕，**コイルの巻数**
が〔④**多い　少ない**〕，**磁界の変化**が〔⑤**大きい　小さい**〕とき，誘
導電流は大きくなる。

a）コイルの上で棒磁石を上下させるとコイルの中の〔⑥ 〕
が変化し，それにともない電圧が生じて**誘導電流**が流れる。

b）棒磁石を下げたときと，上げたときでは，コイルに流れる電
流の向きは〔⑦**同じ向き　逆向き**〕である。また，棒磁石の動か
す速さを速くすると，コイルに流れる電流は〔⑧ 〕なる。

❻ 直流（ちょくりゅう）と交流（こうりゅう）とその区別

▶〔① 〕…**一定の向き**にだけ流れる電流。

▶〔② 〕…**向き**と**大きさ**が周期的に変化して流れる電流。

a）乾電池（かんでんち）による電流は〔③**直流　交流**〕。

b）電線を通して家庭に届く電流は〔④**直流　交流**〕。

▶**直流と交流の区別法**…次のような方法がある。

a）発光ダイオード…直流では連続して光っ
て見え，交流では〔⑤ 〕して見える。

b）オシロスコープ…直流では1本の直線，
交流では〔⑥ 〕として見える。

1
日目
2
日目
3
日目
4
日目
5
日目
6
日目
7
日目
8
日目
9
日目
10
日目

ミス注意 受ける力の向きの変化

①電流か磁界の向きの1つだけ
が逆⇨力の向きは逆

②電流と磁界の向きの両方が逆
⇨力の向きは変わらない

くわしく 受ける力の向き

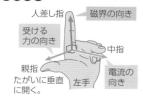

人差し指
磁界の向き
受ける
力の向き
中指
親指
たがいに垂直
に開く。
左手
電流の
向き

ミス注意 磁界の変化

棒磁石の磁極を動かさないと
磁界は変化しないので，電流は
流れない。

確認 電磁誘導と誘導電流

コイルの上で棒磁石を上下さ
せたときに，電圧が生じてコイ
ルに電流が流れることを電磁誘
導，流れる電流を誘導電流とい
う。

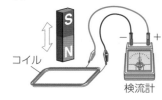

S
N
コイル
検流計

くわしく 交流の電流のようす

下のグラフのように，向きと
大きさが周期的に変化する。

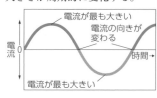

電流が最も大きい
電流の向きが
変わる
電流
0
時間
電流が最も大きい

発光ダイオードの点灯のしかた

発光ダイオードを電源につないですばやく左右に動かす。

直流のとき
＋
－
連続して
見える。
直流3V

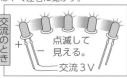

交流のとき
＋
－
点滅して
見える。
交流3V

4日目 電流と磁界

実力完成テスト

＊解答と解説…別冊 p.5
＊時　間………20分
＊配　点………100点満点

得点

点

1 右の**図1**は，棒磁石とそのまわりにできる磁界のようすを磁力線で示したものである。ただし磁界の向きは示していない。次の問いに答えなさい。　〈4点×3〉

図1

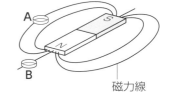
磁力線

(1) **図1**の**A**の位置に磁針を置くとどのようになるか。次の**ア～エ**から1つ選べ。（紙面の手前から見たときの見え方を答えよ。）　（　　　）

ア 　イ 　ウ 　エ

(2) **図1**の**B**の位置に磁針を置くとどのようになるか。(1)の**ア～エ**から1つ選べ。　（　　　）

(3) 2本の棒磁石の磁極を**図2**の**A**，**B**のように，近づけて置いた。磁極の間に引き合う力がはたらいているのはどちらか。

図2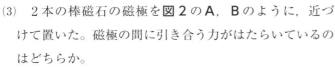

（　　　）

2 右の図は，導線に電流を流したとき，導線のまわりにできる磁界の向きを調べ，磁力線のようすを模式的に示したものである。次の問いに答えなさい。　〈3点×4〉

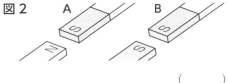
導線
厚紙
N極

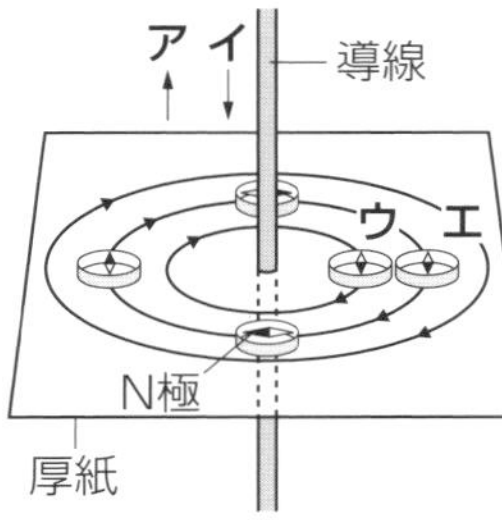

(1) 導線のまわりにできる磁界によって，磁力線はどのような形状になるか。　　　　導線を中心とした（　　　　）状になる。

(2) 導線のまわりに置いた磁針の振れる向きから，導線に流した電流の向きは，**ア**，**イ**のどちらとわかるか。　（　　　）

(3) 導線のまわりの磁界の影響をより強く受けるのは，磁針**ウ**，**エ**のどちらか。　（　　　）

(4) 導線に流す電流の向きを逆にすると，磁界の向きはどうなるか。　（　　　）

3 右の図は，コイルに電流を流して，まわりにできる磁界のようすを調べようとしたものである。次の問いに答えなさい。

〈4点×5〉

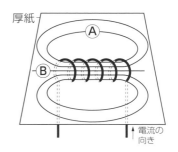
厚紙
電流の向き

(1) コイルのまわりの④，⑧に磁針を置いたとき，磁針のN極の指す向きを例にならって矢印でかけ。

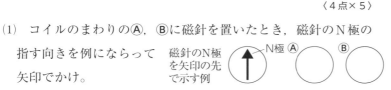

(2) コイルの内側と外側では，磁界の向きは同じか，逆か。　（　　　）

(3) コイルの中に鉄心を入れると，まわりにできる磁界の強さはどうなるか。（　　　）

(4) (3)のほかに，磁界を強くする方法を1つ書け。　（　　　）

4 右の図のような装置で，スイッチを入れて導線に電流を流したところ，導線はXの向きに動いた。次の問いに答えなさい。 〈4点×4〉

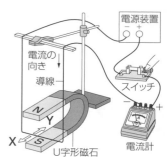

(1) このとき，U字形磁石の磁界の向きはどうなっているか。N→S，S→Nで答えよ。 （　　　　　）

(2) 導線に流す電流の大きさを大きくすると，導線の動く大きさは，はじめと比べてどうなるか。 （　　　　　）

(3) 次の①，②のとき，導線の動く向きは，X，Yのどちらか。

① U字形磁石のN極とS極の向きを逆にした場合。 （　　　　　）

② U字形磁石のN極とS極の向きを逆にし，さらに導線に流れる電流の向きを逆にした場合。 （　　　　　）

5 右の図のように，コイルに棒磁石のN極を差しこんだら，検流計の針が－極側に振れた。次の問いに答えなさい。 〈4点×5〉

(1) 棒磁石のS極を，同じようにコイルの上から差しこんだ。このとき，検流計の針は＋極側と－極側のどちら側に振れるか。それとも，針は振れないか。

（　　　　　）

(2) 棒磁石のN極をコイルに急に差しこんだ。このとき，検流計の針の振れ方はもとと比べてどうなるか。 （　　　　　　　　　）

(3) 棒磁石のN極をコイルに差しこんだままにして止めた。検流計の針は＋極側と－極側のどちら側に振れるか。それとも，針は振れないか。 （　　　　　　　　　）

(4) この実験では，コイルに棒磁石を差しこむとコイルに電圧が生じ，電流が流れた。この現象を何というか。また，このような現象が起こるのはなぜか。その理由を書け。

現象（　　　　　　　） 理由（　　　　　　　　　　　　　　）

6 電流について，次の問いに答えなさい。 〈4点×5〉

(1) オシロスコープで表した電流のようすが**図1**のような波形になるとき，流れる電流は直流，交流のどちらか。 （　　　　　）

(2) 交流は回路に流れる電流の何が変化しているか。2つ答えよ。

電流の（　　　　　　　），電流の（　　　　　　　）

(3) 暗い部屋で発光ダイオードに電流を流しながら左右に振ったところ，**図2**のようになった。このとき，発光ダイオードに流れた電流は，直流，交流のどちらか。 （　　　　　）

(4) 発電所から家庭に送られる電気は，直流，交流のどちらか。 （　　　　　）

図1

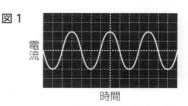

図2

1 日目
2 日目
3 日目
4 日目
5 日目
6 日目
7 日目
8 日目
9 日目
10 日目

5 化学変化と原子・分子(1)

日目

ある物質が性質の異なる別の物質になる変化を化学変化（化学反応）といいます。炭酸水素ナトリウムや水の分解，鉄と硫黄の反応などをおさえましょう。

基礎の確認

解答▶別冊 p.6

●文中の〔　〕に適する語を書き，{　}は適する語を選びましょう。

❶ 分解

▶〔①　　　　　〕…物質が2つ以上の別の物質に分かれる化学変化。

物質A→物質B＋物質C…

▶炭酸水素ナトリウムの熱分解…次の3種類の物質ができる。

　a)〔②　　　　　〕…試験管の底に残る白色の**固体**。

　b)〔③　　　　　〕…試験管の口付近につく**液体**。

　c)〔④　　　　　〕…発生する**気体**。

炭酸水素ナトリウムの熱分解

底の方を少し上げる／生じた液体が流れてこないようにする。／白くくもる／水／ゴム管／炭酸水素ナトリウム／白い固体が残る／炭酸ナトリウム／二酸化炭素／石灰水／白くにごる

▶酸化銀の熱分解…酸化銀を加熱すると，固体の〔⑤　　　　　〕と気体の〔⑥　　　　　〕が生じる。固体をスプーンの底でこすると〔⑦　　　　　〕を示す。

酸化銀の熱分解

白くなる／銀／酸素／酸化銀（黒色）／気体が発生／水

❷ 水の電気分解

▶〔①　　　　　〕…物質に電流を流して分解すること。

▶水の電気分解…少量の水酸化ナトリウムを水に加えて電流を流すと，陰極（−極）側には〔②　　　　　〕が発生し，陽極（＋極）側には〔③　　　　　〕が発生する。

このうち，火を近づけるとポッと音を立てて燃えるのは{④陰極　陽極}から発生した気体である。

水の電気分解

水素／ゴム栓／酸素／体積比 2／体積比 1／陰極／陽極／電源装置

くわしく 熱分解

物質を加熱したときに起こる分解を**熱分解**という。

くわしく 炭酸水素ナトリウムの熱分解で生じた物質の確認法

●水…口付近についた液体に**塩化コバルト紙**をつけると，**青色が赤色**（桃色）に変化する。

●二酸化炭素…石灰水に通すと，石灰水が白くにごる。

●炭酸ナトリウム…炭酸ナトリウムの水溶液は炭酸水素ナトリウムの水溶液より**アルカリ性**が強い。そのため，フェノールフタレイン溶液を加えると濃い赤色になる。

確認 発生した気体の確認法

●酸素…火のついた線香を入れると，線香が激しく燃える。

線香

●水素…火を近づけると，ポッと音を立てて燃える。

マッチ

くわしく 水に少量の水酸化ナトリウムを加えるわけ

純粋な水は電流を通さないので，水酸化ナトリウムを加えて電流を流れやすくする。水酸化ナトリウム自身は変化しない。

❸ 原子と分子

▶〔①　　　　　〕…物質をつくっていて，それ以上分けることのできない粒子。

▶〔②　　　　　〕…原子がいくつか結びついている粒子で，物質の性質を示す最小の粒子。

分子

水素原子　酸素原子

H H　水素分子　H O H　水分子

　原子は，種類によって**質量**や**大きさ**は決まっていて，化学変化によってほかの種類の原子に変わったり，なくなったり，新しくできたり｛③する　しない｝。

▶原子の種類を〔④　　　　　〕といい，それを簡単に表すための記号を〔⑤　　　　　〕という。

元素	水素	炭素	酸素	鉄	銅
元素記号	〔⑥　　〕	〔⑦　　〕	〔⑧　　〕	〔⑨　　〕	〔⑩　　〕

❹ 単体と化合物・化学式

▶〔①　　　　　〕…**1種類の元素**だけでできている物質。

▶〔②　　　　　〕…**2種類以上の元素**からできている物質。

▶鉄と硫黄の反応…鉄と硫黄が結びつくと〔③　　　　　〕ができる。

鉄と硫黄が結びつく反応

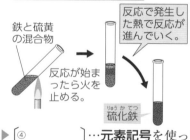

鉄と硫黄の混合物

反応で発生した熱で反応が進んでいく。

反応が始まったら火を止める。

硫化鉄

	鉄	硫化鉄
色	銀白色	黒色
磁石との反応	磁石につく	磁石につかない
うすい塩酸との反応	水素（無臭）が発生	硫化水素（腐卵臭）が発生

▶〔④　　　　　〕…元素記号を使って，物質の成り立ちを表した式。

物質名	水	硫化鉄	酸化銀
化学式	〔⑤　　〕	〔⑥　　〕	〔⑦　　〕

❺ 化学反応式

▶〔①　　　　　〕…化学式を用いて物質の**化学変化**を表した式。

▶化学反応式の表し方…次の手順で進める。

a）「**反応前の物質→反応後の物質**」の式で表す。

b）各物質を**化学式**で書く。

c）両辺の原子の数が〔②　　　　　〕になるように係数をつける。

化学反応式の書き方

ⓐ 水素 ＋ 酸素 → 水

ⓑ H_2 ＋ O_2 → H_2O

ⓒ $2H_2$ ＋ O_2 → $2H_2O$

---

1 日目
2 日目
3 日目
4 日目
5 日目
6 日目
7 日目
8 日目
9 日目
10 日目

確認 原子の性質

①原子は化学変化でそれ以上分けることができない。

②原子は，種類によって質量や大きさが決まっている。

③原子は，化学変化でほかの種類の原子に変わったり，なくなったり，新しくできたりしない。

ミス注意 化学式の書き方

●**分子をつくる物質**

　分子をつくる原子を元素記号で書き，その右下に原子の数を書く。

●**分子をつくらない物質**

①1種類の原子が多く集まっている物質…元素記号をそのまま書く。

②異なる種類の原子が多く集まっている物質…結びついている原子の種類とその割合がわかるように書く。

確認 おもな化学反応式

●**水の電気分解**

$2H_2O → 2H_2 + O_2$
水　　水素　酸素

●**水素と酸素が結びつく反応**

$2H_2 + O_2 → 2H_2O$
水素　酸素　　　水

●**炭素と酸素が結びつく反応**

$C + O_2 → CO_2$
炭素 酸素　二酸化炭素

●**銅と酸素が結びつく反応**

$2Cu + O_2 → 2CuO$
銅　酸素　　酸化銅

●**マグネシウムと酸素が結びつく反応**

$2Mg + O_2 → 2MgO$
マグネ　酸素　酸化マグ
シウム　　　　ネシウム

●**鉄と硫黄が結びつく反応**

$Fe + S → FeS$
鉄　硫黄　硫化鉄

●**酸化銀の熱分解**

$2Ag_2O → 4Ag + O_2$
酸化銀　　　銀　酸素

●**塩化銅の分解**

$CuCl_2 → Cu + Cl_2$
塩化銅　銅　塩素

5日目 実力完成テスト

＊解答と解説…別冊 p.6
＊時　間………20分
＊配　点………100点満点

得点

点

1 右の図のような装置で，炭酸水素ナトリウムを加熱した。次の問いに答えなさい。　　　　　　〈4点×5〉

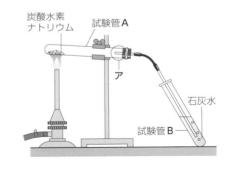

(1) 試験管Aの底の方を少し上げている。その理由を書け。

（　　　　　　　　　　　　　　　　　　　　　）

(2) 試験管Aの口付近アの内側はどのようになるか。

（　　　　　　　　　　　　　　　　）

(3) (2)の物質が何であるかを調べるためには，何を使えばよいか。次のア～エから適するものを1つ選べ。　　　（　　　）

　ア　BTB溶液　　イ　フェノールフタレイン溶液　　ウ　塩化コバルト紙　　エ　塩酸

(4) 試験管Bの石灰水はどのような変化をするか。　　　（　　　　　　　　　）

(5) 試験管Aに白色の固体が残るが，この物質は何か。　　　（　　　　　　　　　）

2 右の図のような装置で，酸化銀を加熱した。次の問いに答えなさい。　　　　　　〈4点×4〉

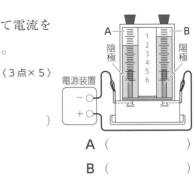

(1) 実験後，試験管Aに残る物質は何か。　　　（　　　　　　　）

(2) (1)の物質をスプーンの底でこするとどのような変化が見られるか。　　　（　　　　　　　　　）

(3) 試験管Bに集まる気体は何か。　　　（　　　　　　　）

(4) この実験のように，物質が別の物質に分かれる変化を何というか。　　　（　　　　　　　）

3 右の図のような装置で，水に少量の水酸化ナトリウムを加えて電流を流したところ，A，Bの気体が集まった。次の問いに答えなさい。

〈3点×5〉

(1) 水に少量の水酸化ナトリウムを加えるのはなぜか。

（　　　　　　　　　　　　　　　　　　　）

(2) 集まった気体A，Bはそれぞれ何か。　　　A（　　　　　　　）

　　　　　　　　　　　　　　　　　　　　　B（　　　　　　　）

(3) 集まった気体A，Bが何であるかを調べる方法として，最も適当なものを次のア～エから1つずつ選べ。　　　A（　　　）　B（　　　）

　ア　石灰水にとかす。　　イ　BTB溶液を加える。

　ウ　火を近づける。　　　エ　火のついた線香を入れる。

4 原子や分子，元素記号について，次の問いに答えなさい。　〈2点×7〉

(1) 原子の性質について述べた次の3つの文で，誤っているものはどれか。　（　　　）

　　ア　原子は，化学変化でそれ以上分けることができない粒子である。

　　イ　原子は，種類によって大きさは決まっているが，質量はどれも同じである。

　　ウ　原子は，化学変化でほかの種類の原子に変わったり，新しくできたりしない。

(2) 右の図のモデルは，何を表したものか。　（　　　　　　　）

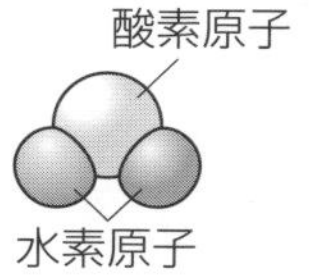

(3) 1個の炭素原子と2個の酸素原子が結びついてできている分子は何か。

　　　　　　　　　　　　　　　　　　　（　　　　　　　）

酸素原子

水素原子

(4) 次の原子を，それぞれ元素記号で表せ。

　　　　塩素（　　　）　硫黄（　　　）　銅（　　　）　銀（　　　）

5 鉄と硫黄の粉末をよく混ぜ合わせ，試験管に入れたものを2つ用意した。右の図のようにAは加熱し，Bはそのままにした。Aは，上部が赤くなったところで加熱をやめたが，そのあとも反応が進んだ。次の問いに答えなさい。　〈3点×5〉

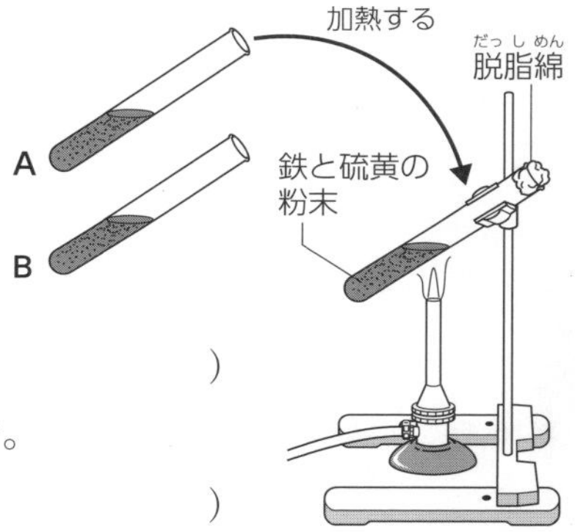

加熱する

脱脂綿

鉄と硫黄の粉末

(1) Aの加熱をやめたあとも反応が進むのはなぜか。その理由を書け。　（　　　　　　　　　　　　　　　　　　　　　　　　）

(2) Aが反応したあと，できた物質は何か。物質名と化学式を書け。

　　　　　　物質名（　　　　　　　）　化学式（　　　　　　　）

(3) 磁石を近づけたとき，磁石につくのはA，Bのどちらか。　（　　　　）

(4) 加熱後のAとBの試験管の中の物質をそれぞれ少量とって試験管に入れ，うすい塩酸を加えたとき，卵の腐ったようなにおいがするのはA，Bのどちらか。　（　　　　）

6 化学反応式について，次の問いに答えなさい。　〈4点×5（(2)は各完答）〉

(1) 次の化学変化を化学反応式で書け。

　　① 鉄と硫黄を混ぜて加熱したときの変化　　　（　　　　　　　　　）

　　② 炭酸水素ナトリウムを加熱したときの変化

　　　　　　　　　　　　　　　　　（　　　　　　　　　）

(2) 次の化学反応式の□に係数を，（　　）に化学式を書いて，式を完成させよ。□に係数が必要ないときは×を書け。

　　① 酸化銀を加熱したときの変化　　　　　　$\Box Ag_2O \rightarrow \Box Ag + \Box$（　　　）

　　② 硫黄の中に銅線を入れて加熱したときの変化　　$\Box Cu + \Box S \rightarrow \Box$（　　　）

(3) 水素原子を●，酸素原子を○として，水の電気分解の化学変化をモデルで表すと，

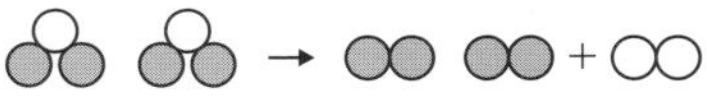

　　●●　●● → ●● ●● + ○○　となった。これを化学反応式で表せ。

　　　　　　　　　　　　　　　　　　　（　　　　　　　　　）

21

6

日目

化学変化と原子・分子(2)

物質が化学変化するとき，反応の前後で，物質の質量の割合にはどのような規則性があるのかを理解しましょう。グラフの読みとりも大切です。

基礎の確認

解答▶別冊 p.7

●文中の〔　〕に適する語を書き，{　}は適する語を選びましょう。

❶ 酸化

▶〔①　　　　　〕…物質が**酸素と結びつく**化学変化。特に激しく**熱や光**を出しながら酸化する化学変化を〔②　　　　　〕という。

▶〔③　　　　　〕…酸化によってできた物質。例酸化銅，水など。

　　鉄が酸化してできる物質は〔④　　　　　〕である。

❷ 還元

▶〔①　　　　　〕…酸化物が酸素をうばわれる化学変化。

▶炭素による酸化銅の還元

　　酸化銅＋炭素→銅＋〔②　　　　　〕

▶水素による酸化銅の還元

　　酸化銅＋水素→銅＋〔③　　　　　〕

▶酸化と還元…１つの化学変化の中で {④同時　別々} に起こる。

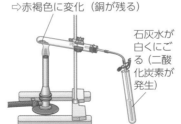

炭素による酸化銅の還元
酸化銅と木炭の粉末：黒色
⇒赤褐色に変化（銅が残る）
石灰水が白くにごる（二酸化炭素が発生）

❸ 化学変化の前後の質量

▶密閉容器内での化学変化…物質の出入りがない。そのため，反応前後の質量は {①変化しない　変化する}。

▶物質が自由に出入りできる化学変化…次の３つの場合がある。

　a）気体が発生する化学変化…反応後の質量は，反応前の質量と
　　└例炭酸水素ナトリウムにうすい塩酸を加える。
　　比べて {②減る　等しい　ふえる}。

　b）沈殿ができる化学変化…反応後の質量は，反応前の質量と比
　　└例うすい硫酸と水酸化バリウム水溶液を混ぜる。
　　べて {③減る　等しい　ふえる}。

　c）金属を加熱する化学変化…反応後の質量は，反応前の質量と
　　└例銅粉を空気中で加熱する。
　　比べて {④減る　等しい　ふえる}。

くわしく いろいろな酸化の例

●**おだやかな酸化**…鉄が空気中でさびる。

●**激しい酸化**…物質が燃焼したり，爆発したりする。

くわしく 酸化・還元の反応

　炭素による酸化銅の還元では，酸化銅が還元されて銅になるのと同時に，炭素が酸化されて二酸化炭素になる。

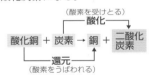

（酸素を受けとる）
　　　　　酸化
酸化銅 ＋ 炭素 → 銅 ＋ 二酸化炭素
　　　　　還元
（酸素をうばわれる）

確認 化学変化の前後の質量

●気体が発生する化学変化

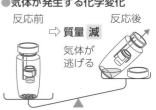

反応前　　　　　反応後
⇒ 質量 減
気体が逃げる

●沈殿ができる化学変化

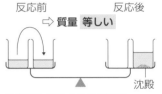

反応前　　　　　反応後
⇒ 質量 等しい
沈殿

●金属を加熱する化学変化

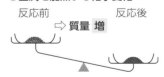

反応前　　　　　反応後
⇒ 質量 増

④ 質量保存の法則

▶〔①　　　　　〕の法則…化学
変化の前後では，物質全体の質
量は変化しない。

$$化学変化前の質量の総和 = 化学変化後の質量の総和$$

くわしく 質量保存の法則は常に成り立つ

気体が発生して質量が減る化学変化も，空気中に逃げた気体の質量を加えれば，**質量保存の法則は成り立つ**。

⑤ 金属と結びつく酸素の質量

▶金属の酸化での質量の変化…酸化
後（反応後）の質量は，酸化前に
比べて，結びついた〔①　　　　〕
の質量だけ増加する。

右のグラフで，銅がすべて酸素
と結びついたとき，結びついた
酸素の質量は〔②　　　　〕gである。

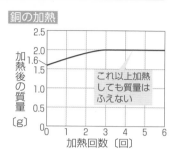

銅の加熱

これ以上加熱しても質量はふえない

ミス注意 質量のふえ方

左のグラフにおいて，銅が完全に酸化するまで，質量はふえ続けるが，完全に酸化すると質量はふえなくなる⇨ふえた質量は，銅と結びついた酸素の質量である。

⑥ 反応する物質の質量の割合

▶2つの物質AとBが結びつく場合，
AとBはいつも**一定の質量の割合**
で結びつく。

a）**銅の酸化**　| 銅＋酸素→酸化銅 |

質量の割合　　4　：　1　：　5

b）**マグネシウム
の酸化**　| マグネシウム＋酸素→酸化マグネシウム |

質量の割合　　3　：　2　：　5

① 0.8gの銅が酸化すると，酸化銅
は〔①　　　　〕gできる。

② ①のとき，銅と結びついた酸素は〔②　　　　　　〕g。

③ マグネシウムが酸化すると，〔③　　　　　　　　　　　〕ができる。

④ マグネシウムと酸素がすべて結びついて，酸化マグネシウム
が3.0gできたとき，結びついた酸素の質量は〔④　　　　〕g。

銅の酸化

結びついた酸素の質量

銅の質量

マグネシウムの酸化

結びついた酸素の質量

マグネシウムの質量

くわしく 反応する物質の質量の割合

物質が化学変化するとき，反応する**物質どうしの質量の割合は，常に一定**である。これは，結びつく**元素の質量の比が常に一定**なためである。この法則を定比例の法則という。

これは，フランスの科学者であるプルーストによって発表された。

確認 金属と酸化物の質量の関係のグラフ

グラフは原点を通る直線になる⇨金属の質量と酸化物の質量は**比例**する。

⑦ 化学変化と熱

▶〔①　　　　　〕…化学変化において，**熱を発生**する反応。
▶〔②　　　　　〕…化学変化において，**熱を吸収**する反応。

水酸化バリウムに塩化アンモニウムを加えると｛③発熱　吸熱｝
反応が起こる。

くわしく 代表的な発熱反応

・鉄粉と活性炭を混ぜたものに食塩水を加える反応。

くわしく その他の吸熱反応

・炭酸水素ナトリウムとクエン酸を混ぜたものに水を加える反応。
・硝酸アンモニウムが水にとける反応。

1日目
2日目
3日目
4日目
5日目
6日目
7日目
8日目
9日目
10日目

実力完成テスト

＊解答と解説…別冊 p.7
＊時　間………20分
＊配　点………100点満点

得点

点

1 右の**図1**のように，銅の粉末0.8 gをステンレスの皿に入れて加熱し，冷えてから質量を測定した。これを何回かくり返したところ，**図2**のようなグラフになった。次の問いに答えなさい。　〈3点×3〉

図1　銅の粉末0.8 g

図2

（グラフ：縦軸 加熱後の質量〔g〕 0.5〜1.0，横軸 加熱した回数〔回〕 0〜8）

(1) 銅の粉末0.8 gと結びついた酸素の質量は何gか。（　　　　　）

(2) この実験で銅が酸素と結びついた化学変化を何というか。（　　　　　）

(3) この実験で，銅の粉末と酸素を結びつきやすくするにはどうするか。（　　　　　）

2 右の図のように，酸化銅の粉末と木炭の粉末を混ぜて加熱した。次の問いに答えなさい。　〈(2)4点，他は3点×5〉

酸化銅の粉末と木炭の粉末

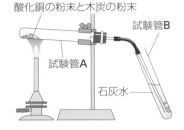

試験管B

試験管A

石灰水

(1) 加熱する前の酸化銅と木炭は，どんな色をしているか。

酸化銅（　　　　　）　木炭（　　　　　）

(2) 加熱中，試験管**A**から出る気体を試験管**B**の石灰水に通すと，石灰水はどうなるか。（　　　　　）

(3) この実験について次のように表すとき，①，②の（　　　）にあてはまる物質名を書け。

（①　　　　　　　）＋炭素　→　（②　　　　　　　）＋二酸化炭素

(4) この化学変化での木炭のはたらきは，**ア～エ**のどれか。（　　　　　）

ア 銅に炭素を与えた。　　　　**イ** 酸化銅に酸素を与えた。

ウ 酸化銅から酸素をうばった。　　**エ** 酸化銅から銅をうばった。

3 右の図の実験**A～C**を行い，反応の前後で全体の質量を測定した。次の問いに答えなさい。　〈4点×5〉

(1) 実験**A**で発生する気体は何か。（　　　　　）

(2) 実験**C**で生じる沈殿は何か。（　　　　　）

(3) 化学変化の前後で質量がふえるのは**A～C**のうちのどれか。（　　　　　）

(4) 化学変化の前後で質量が変わらないのは**A～C**のうちのどれか。

（　　　　　）

(5) (4)のようになったのはどうしてか。その理由を説明せよ。

（　　　　　）

A 炭酸水素ナトリウムと塩酸を反応させ，ふたを開ける。

うすい塩酸　炭酸水素ナトリウム

B 銅を加熱する。

銅の粉末

C 硫酸と水酸化バリウム水溶液を反応させる。

水酸化バリウム水溶液　うすい硫酸

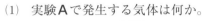

4 銅の粉末とマグネシウムの粉末をそれぞれ質量を変えてはかりとり，ステンレスの皿にのせて加熱した。よく冷えてから質量をはかり，また加熱した。これをくり返し，金属の質量とできる酸化物（かぶつ）の質量の関係を調べたら，右のグラフを得た。次の問いに答えなさい。〈4点×6〉

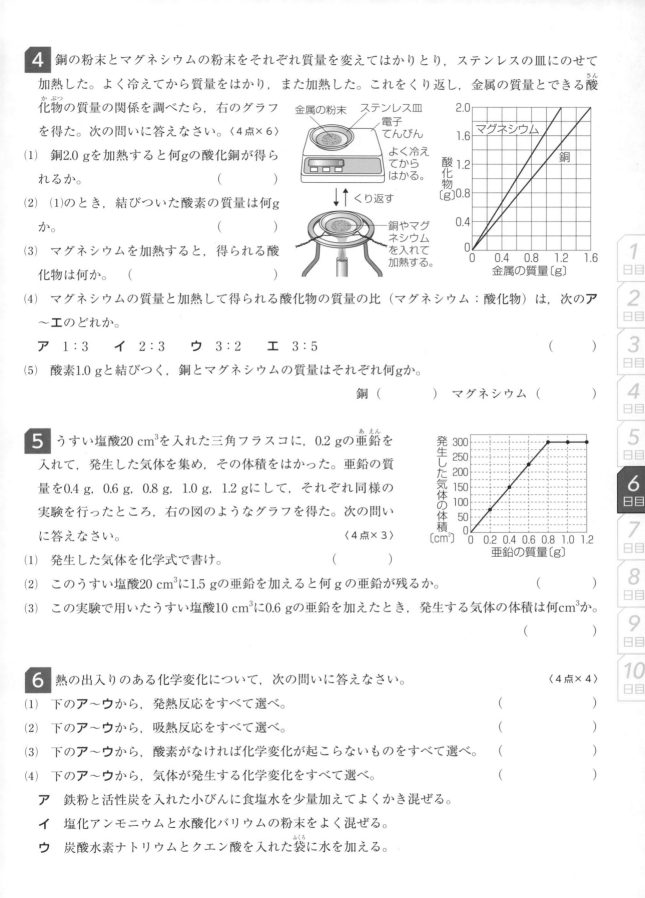

(1) 銅2.0 gを加熱すると何gの酸化銅が得られるか。　（　　　　　）

(2) (1)のとき，結びついた酸素の質量は何gか。　（　　　　　）

(3) マグネシウムを加熱すると，得られる酸化物は何か。　（　　　　　）

(4) マグネシウムの質量と加熱して得られる酸化物の質量の比（マグネシウム：酸化物）は，次の**ア**～**エ**のどれか。

　ア 1：3　　**イ** 2：3　　**ウ** 3：2　　**エ** 3：5　　　　　　　　（　　　　　）

(5) 酸素1.0 gと結びつく，銅とマグネシウムの質量はそれぞれ何gか。

　　　　　　　　　　　　　　　　　　　　　銅（　　　　　）　マグネシウム（　　　　　）

5 うすい塩酸20 cm³を入れた三角フラスコに，0.2 gの亜鉛（あえん）を入れて，発生した気体を集め，その体積をはかった。亜鉛の質量を0.4 g，0.6 g，0.8 g，1.0 g，1.2 gにして，それぞれ同様の実験を行ったところ，右の図のようなグラフを得た。次の問いに答えなさい。　　〈4点×3〉

(1) 発生した気体を化学式で書け。　（　　　　　）

(2) このうすい塩酸20 cm³に1.5 gの亜鉛を加えると何 gの亜鉛が残るか。　　（　　　　　）

(3) この実験で用いたうすい塩酸10 cm³に0.6 gの亜鉛を加えたとき，発生する気体の体積は何cm³か。

　　　　　　　　　　　　　　　　　　　　　　　　　　　　　　　　　　（　　　　　）

6 熱の出入りのある化学変化について，次の問いに答えなさい。　　〈4点×4〉

(1) 下の**ア**～**ウ**から，発熱反応をすべて選べ。　　　　　　（　　　　　）

(2) 下の**ア**～**ウ**から，吸熱反応をすべて選べ。　　　　　　（　　　　　）

(3) 下の**ア**～**ウ**から，酸素がなければ化学変化が起こらないものをすべて選べ。（　　　　　）

(4) 下の**ア**～**ウ**から，気体が発生する化学変化をすべて選べ。　　　　（　　　　　）

　ア 鉄粉と活性炭を入れた小びんに食塩水を少量加えてよくかき混ぜる。

　イ 塩化アンモニウムと水酸化バリウムの粉末をよく混ぜる。

　ウ 炭酸水素ナトリウムとクエン酸を入れた袋（ふくろ）に水を加える。

植物の種類と生活

植物の種類ごとに，花や茎のつくりをおさえることが重要です。また，植物の生活では，光合成や呼吸のしくみについて理解しましょう。

基礎の確認

解答▶別冊 p.8

●文中の〔　〕に適する語を書き，{　}は適する語を選びましょう。

❶ 身近な生物の観察

▶タンポポの観察…日当たりの{① よい　悪い}
場所に生育する。右図の**ア**を〔②　　　〕，
イを〔③　　　〕という。

めしべ
ア
花弁
がく
イ

ミス注意 ルーペの使い方

　ルーペは目に近づけて持ち，**観察するもの**を前後に動かして観察する。また，観察するものが動かせないときは，ルーペを目に近づけたままで，**顔**を前後に動かしてピントを合わせる。

❷ 水中の小さな生物と顕微鏡

▶水中の小さな生物…移動するもの，光合成をするものなどで分類できる。

移動する
アメーバ　ゾウリムシ　〔①　　　〕　ミドリムシ　〔②　　　〕　アオミドロ
光合成をする

▶顕微鏡の使い方…次の順序で使う。

a）〔③　　　〕**レンズ**のあとに〔④　　　〕**レンズ**をとりつける。

b）〔⑤　　　〕としぼりを調節して，視野を明るくする。

c）横から見ながら，対物レンズと〔⑥　　　〕を近づける。

d）接眼レンズをのぞきながら，対物レンズをプレパラートから遠ざけて，ピントを合わせる。

e）レボルバーを回して高倍率の〔⑦　　　〕レンズに変える。

ミス注意 顕微鏡の倍率の求め方

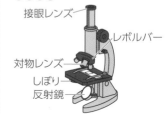

接眼レンズ
レボルバー
対物レンズ
しぼり
反射鏡

顕微鏡の倍率
＝ 接眼レンズ **×** 対物レンズ
　　の倍率　　　の倍率

❸ 花のつくり

▶受粉…花粉がめしべの柱頭につくこと。

▶〔①　　　〕**植物**…**胚珠**が**子房**の中にある植物。花には，外側から順に，がく，〔②　　　〕，おしべ，〔③　　　〕がある。受粉後，胚珠は〔④　　　〕に，子房は果実になる。

▶〔⑤　　　〕**植物**…**子房**がなく**胚珠**がむき出しになっている植物。

花のつくりと果実の関係

（被子植物）
花粉
めしべ
やく
おしべ
花弁
がく
胚珠 ➡ **種子**
子房 ➡ **果実**
受粉して成長すると

マツの花のつくり

雌花　拡大　りん片
（内側）胚珠
花粉
雄花　りん片
拡大　（外側）花粉のう　拡大

④ 根・葉・茎のつくり

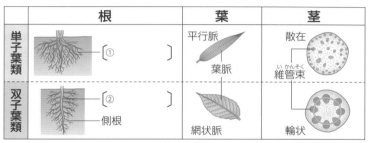

	根		葉	茎
単子葉類		[①　　　]	平行脈 葉脈	散在 維管束
双子葉類		[②　　　] 側根	網状脈	輪状

▶葉のつくり…葉の表面の，孔辺細胞に囲まれたすきまを[③　　　]という。ここで[④　　　]や，気体の出入りが行われる。気孔はふつう葉の[⑤表側　裏側]に多い。

孔辺細胞
水蒸気の放出
気孔　葉緑体

▶茎のつくり…葉の葉脈とつながった道管と[⑥　　　]がある。これらが集まったものを[⑦　　　]という。
右の図は[⑧単子葉類　双子葉類]の茎であり，道管は[⑨ア　イ]で，師管は[⑩ア　イ]である。

ア　└水や養分が通る　└栄養分が通る
イ

⑤ 光合成と呼吸

▶光合成…光を受けて，水と[①　　　]を原料に，[②　　　]などの栄養分をつくるはたらき。このとき，同時に[③　　　]もつくられる。

光合成のしくみ
白光（光）　葉緑体　　　　　葉
二酸化炭素 ＋ 水 → デンプン ＋ 酸素
気孔　　　　　　　　　　　気孔

▶呼吸…[④　　　]をとり入れ，二酸化炭素を放出する。

⑥ 植物の分類

▶植物の分類…以下のような観点で分類することができる。

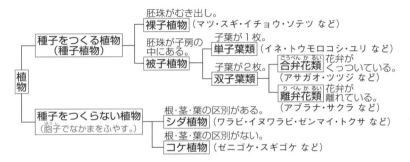

植物
- 種子をつくる植物（種子植物）
  - 胚珠がむき出し。**裸子植物**（マツ・スギ・イチョウ・ソテツ など）
  - 胚珠が子房の中にある。**被子植物**
    - 子葉が1枚。**単子葉類**（イネ・トウモロコシ・ユリ など）
    - 子葉が2枚。**双子葉類**
      - 花弁がくっついている。**合弁花類**（アサガオ・ツツジ など）
      - 花弁が離れている。**離弁花類**（アブラナ・サクラ など）
- 種子をつくらない植物（胞子でなかまをふやす。）
  - 根・茎・葉の区別がある。**シダ植物**（ワラビ・イヌワラビ・ゼンマイ・トクサ など）
  - 根・茎・葉の区別がない。**コケ植物**（ゼニゴケ・スギゴケ など）

a）種子をつくらない植物は，[①　　　]でなかまをふやす。

b）コケ植物には，根・茎・葉の区別が[②ある　ない]。

<くわしく> **根毛があることの利点**

根の先端近くには，細い毛のような**根毛**が生えている。根毛があると**表面積が大きくなる**ので，効率よく水や養分を吸収できる。

<ミス注意> **双子葉類の茎の維管束**

表皮側
↑

師管 葉でできた栄養分が通る管。
道管 根で吸収した水や養分が通る管。

↓
中心側

<確認> **蒸散**

植物のからだから，水が**水蒸気**となって気孔から体外に放出されること。

気孔はふつう葉の裏側の方に多いので，葉の表側より裏側の方が蒸散量が多い。

蒸散の効果は，根からの水の吸収をうながしたり，植物のからだが熱くなるのを防いだりすることである。

<くわしく> **光合成が行われるところ**

植物の細胞内の**葉緑体**の部分で行われる。ふ入りの葉のふの部分には葉緑体がない。

<くわしく> **イヌワラビの胞子のう**

イヌワラビの胞子のうは葉の裏側にできる。胞子は地面に落ちると発芽する。

葉の裏側　胞子のう　　胞子のう　胞子

<確認> **コケ植物の雄株と雌株**

コケ植物には，**雄株**と**雌株**があるものがあり，胞子は雌株にできる**胞子のう**の中でつくられる。

1日目
2日目
3日目
4日目
5日目
6日目
7日目
8日目
9日目
10日目

7日目

実力完成テスト

*解答と解説…別冊 p.8
*時　間………20分
*配　点………100点満点

得点
　　　　点

---

1 右の図は，タンポポの花を観察したときのスケッチである。次の問い
に答えなさい。 〈3点×4〉

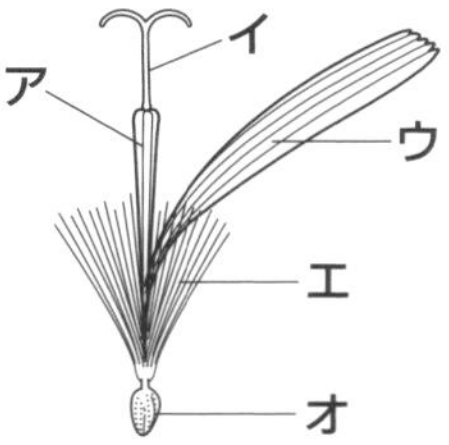

(1) タンポポは，どのような場所に生えているか。（　　　　　　　　　）

(2) タンポポの花を手で持ってルーペで観察するとき，動かすのはタンポポ
の花とルーペのどちらか。 （　　　　　　　　　）

(3) タンポポの花で，めしべと子房はどれか。それぞれ**ア**〜**オ**から選べ。

めしべ（　　　）子房（　　　　　）

---

2 池の水にすむ小さな生物や顕微鏡について，次の問いに答えなさい。

〈(1)(2)2点×3，(3)〜(5)4点×4〉

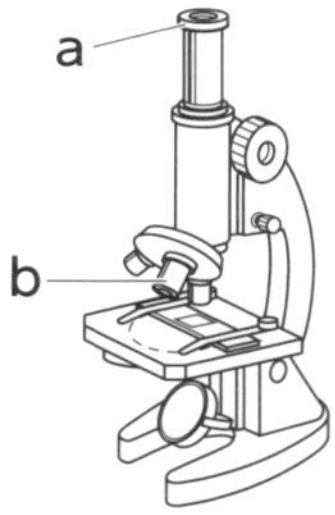

(1) **図1**の**A**，**B**の生物の名称として，正しいものはどれか。それぞれ**ア**
〜**オ**から選べ。 A（　　　）B（　　　）

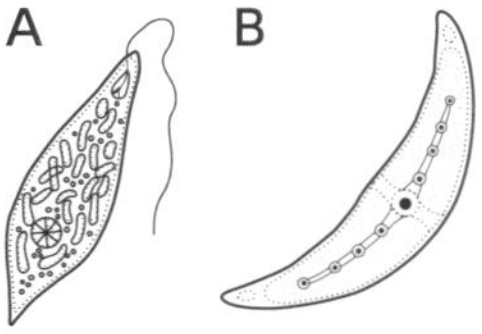

ア ゾウリムシ　**イ** ミドリムシ　**ウ** アオミドロ
エ ミカヅキモ　**オ** ミジンコ

(2) **図2**の顕微鏡の**a**，**b**のレンズで，先にとりつけるのはどちらか。

（　　　　　　　　　）

(3) **a**には10×，**b**には40と表示されていた。このときの顕微鏡の倍率はいく
らか。 （　　　　　　　　　）

(4) 顕微鏡の倍率を高くすると，視野の広さと明るさはそれぞれどうなるか。

広さ（　　　　　　）明るさ（　　　　　　）

(5) ピントを合わせるとき，対物レンズとプレパラートの距離は近づけていくか，
それとも遠ざけていくか。 （　　　　　　　　　）

図1
A　　　　　B

図2
a
b

---

3 右の**図1**はサクラの花，**図2**はマツの雌花のりん片の
つくりを表している。次の問いに答えなさい。〈2点×6〉

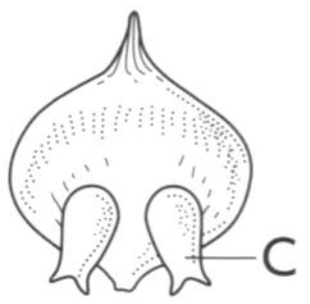

(1) **図1**の**ア**〜**エ**で，めしべとおしべは，それぞれどれか。

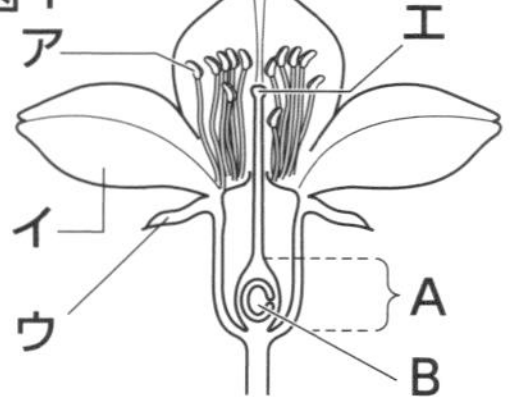

めしべ（　　　）おしべ（　　　）

(2) おしべのやくの中の花粉が，めしべの柱頭につくこと
を何というか。

（　　　　　　）

(3) (2)のあと成長すると，**A**と**B**はそれぞれ何になるか。　A（　　　　）B（　　　　）

(4) **図2**の**C**は何か。

（　　　　　　）

図1
ア
イ
ウ
エ
A
B

図2
A
C

4 右の**図1**は，被子植物の根・茎・葉のつくりを表したものである。
次の問いに答えなさい。　　　　　　　　　　　　〈4点×5〉

図1

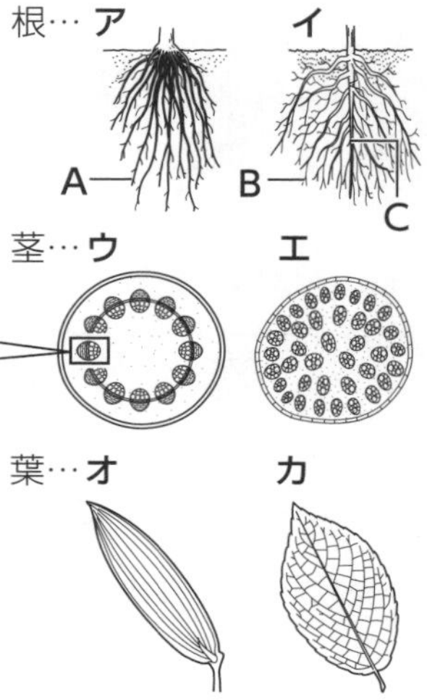

(1) 右の図の**ア～カ**を，単子葉類と双子葉類にあてはまるものに分けよ。

単子葉類（　　　　　　）　双子葉類（　　　　　　）

(2) 根の**A～C**で主根はどれか。　　　　　（　　　　　）

(3) 右の**図2**は，茎の維管束の部分を大きく表したものである。道管は**D**，**E**のどちらか。

（　　　　　）

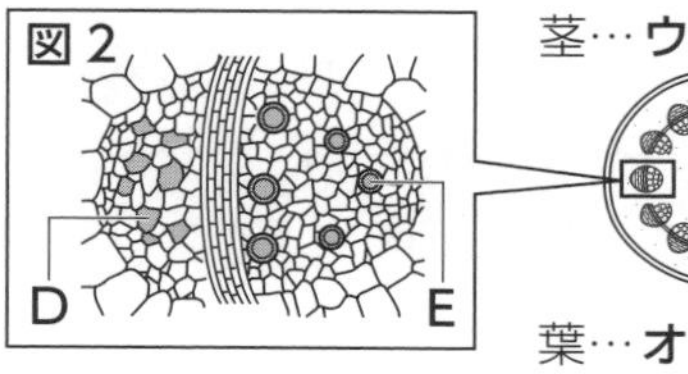

図2

(4) 葉の裏側に多くある気孔では，酸素や二酸化炭素の出入り以外に，水蒸気が放出される現象が見られる。この現象を何というか。

（　　　　　　　　　　　）

---

5 一晩暗いところに置いたはち植えのアサガオの1枚の葉の一部を右の図の①のようにアルミニウムはくでおおい，十分に日光を当て，②～④のように処理した。次の問いに答えなさい。　　　　〈4点×4〉

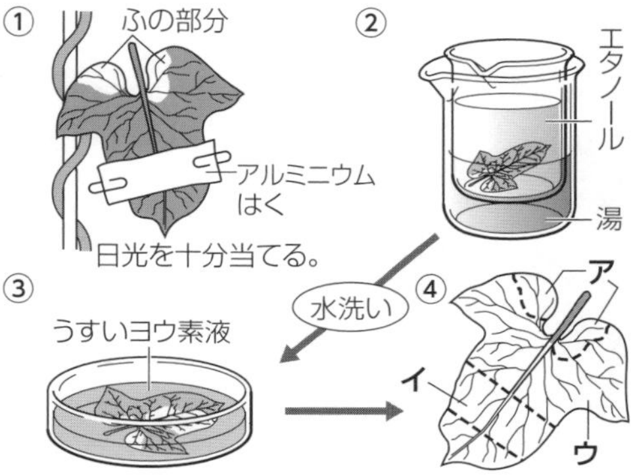

(1) アサガオを一晩暗いところに置いたのはなぜか。理由を書け。　（　　　　　　　　　　　　　）

(2) ②で葉をエタノールにつけるのはなぜか。理由を書け。　（　　　　　　　　　　　　　　　）

(3) ④の葉で，青紫色に変化するのは**ア～ウ**のうちどれか。　　　　　　　　　　　（　　　　　）

(4) 植物が1日中行っている，酸素をとり入れて二酸化炭素を出すはたらきを何というか。

（　　　　　　　　　　　）

---

6 8種類の植物をいろいろな観点で分類したところ，右の図のようになった。次の問いに答えなさい。　〈3点×6〉

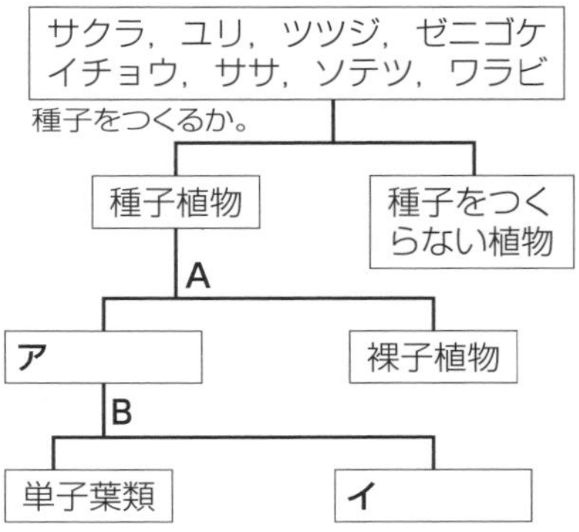

(1) 右の図の**A**，**B**はどのような観点か。

A（　　　　　　　　　　　）

B（　　　　　　　　　　　）

(2) **ア**，**イ**には，それぞれどのような分類名が入るか。

ア（　　　　　　）　イ（　　　　　　）

(3) 8種類の植物のうち，裸子植物はどれか。すべて書け。

（　　　　　　　　　　　　　）

(4) 8種類の植物のうち，種子をつくらずに胞子でなかまをふやす植物で，根・茎・葉の区別がある植物はどれか。

（　　　　　　　　　）

大地の変化

地層のでき方や堆積岩の特徴，地震のゆれの伝わり方，火成岩のでき方とつくりが大切です。図やグラフの読みとりや用語をマスターしましょう。

基礎の確認

（解答▶別冊 p.9）

●文中の〔　　〕に適する語を書き，{　　}は適する語を選びましょう。

❶ 地層のでき方

▶流水のはたらき…

〔①　　　　　〕作用，
└けずるはたらき

〔②　　　　　〕作用，
└けずったものを運ぶはたらき

〔③　　　　　〕作用がある。
└積もらせるはたらき

▶地層のでき方…河口から遠いほど，粒が {④ 大きい　小さい} ものが堆積する。

粒の大きさ　大 ⟹ 小

れきや砂　細かい砂　海水面

海

泥

❷ 堆積岩と化石

▶〔①　　　　　〕…堆積物が押し固められた岩石。〔②　　　　　〕がふくまれることがある。粒は丸みを帯びていることが多い。
└生物の遺がいや生活の跡

おもな堆積物	堆積岩
岩石などの破片	れき岩・砂岩・泥岩
生物の遺がい	石灰岩・チャート
火山噴出物	凝灰岩

▶化石…地層ができた当時のことを知る手がかりとなる。

a）〔③　　　　　〕…堆積当時の**環境**を知ることができる化石。

b）〔④　　　　　〕…堆積した**時代**を知ることができる化石。

❸ 火山とマグマ，火山の恩恵と災害

▶〔①　　　　　〕…地下の岩石が高温でどろどろにとけた物質。

マグマの性質と火山の形

〈横に広がった形〉
溶岩が広がる。
おだやかな噴火。

〈円すいの形〉
爆発と溶岩の
流出が交互。

〈盛り上がった形〉
溶岩が盛り上がる。
激しい噴火。

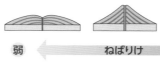

弱 ⟸ ねばりけ ⟹ 強

▶マグマの性質…ねばりけが {② 強い　弱い} ほど，流れにくく，冷えると {③ 黒っぽい　白っぽい} 色の岩石になる。

▶火山の恩恵と災害…マグマの熱を利用した〔④　　　　　〕発電や温泉がある一方，〔⑤　　　　　〕や火山灰などによる被害もある。
└火山噴出物の1つ。有毒な気体もふくまれる。

確認 **風化**

地表の岩石が，**温度変化や水，植物のはたらき**などによって，表面からくずれていく現象。

くわしく **粒が小さいと河口から遠くに堆積するわけ**

大きい粒ほど**重く**，はやく沈む。小さい粒は**軽い**ので，河口から遠くまで運ばれる。

くわしく **れき岩・砂岩・泥岩の粒**

れき岩	おもにれき　2 mm以上
砂岩	おもに砂　$\frac{1}{16}$〜2 mm
泥岩	おもに泥　$\frac{1}{16}$ mm以下

泥は，さらにシルトと粘土に分けられる。

ミス注意 **石灰岩とチャート**

うすい塩酸をかけると，

●**石灰岩**…二酸化炭素が発生する。

●**チャート**…気体は発生しない。

くわしく **おもな示準化石**

新生代	ナウマンゾウ，ビカリア
中生代	アンモナイト，恐竜
古生代	フズリナ，サンヨウチュウ

くわしく **火山の形とその例**

●**横に広がった形**…マウナロア，キラウエアなど。

●**円すいの形**…桜島，三原山，浅間山など。

●**盛り上がった形**…有珠山，昭和新山，雲仙普賢岳など。

④ 火成岩と鉱物

▶〔①　　　　　〕…**マグマ**が冷えて固まった岩石。

　a）〔②　　　　　〕…**地表付近**で生成される。
　　└流紋岩, 安山岩, 玄武岩
　　石基の中に斑晶が散らばったつくりをして
　　いる。これを〔③　　　　　〕**組織**という。

　b）〔④　　　　　〕…**地下深く**で生成される。
　　└花こう岩, せん緑岩, 斑れい岩
　　大きく成長したほぼ同じ大きさの鉱物でで
　　きている。これを〔⑤　　　　　〕**組織**という。

▶**鉱物**…火山噴出物にふくまれる粒で, 結晶に
　なったもの。白っぽい〔⑥　　　　　〕鉱物と,
　　　　　　　　　　　　└石英, 長石
　黒っぽい〔⑦　　　　　〕鉱物がある。
　　　　　└黒雲母, カクセン石, 輝石, カンラン石, 磁鉄鉱

火山岩

斑晶
石基

深成岩

確認 **火成岩と結晶**
　マグマが急に冷やされると,
非常に小さい鉱物や結晶になれ
ないガラスの部分があるが, マ
グマがゆっくり冷やされると,
中の成分がすべて大きな鉱物に
成長して**等粒状組織**になる。

くわしく **石基と斑晶**
●**石基**…小さな鉱物の集まりや
ガラス質の部分。
●**斑晶**…大きな鉱物の結晶。

確認 **鉱物と岩石の色**
　火山灰や岩石の色は, 無色鉱
物を多くふくむほど, 白っぽく
なる。

⑤ 地震のゆれと伝わり方

▶**地震のゆれ**…P波とS波の2種類の波によってゆれが伝わる。

　a）〔①　　　　　〕…最初に伝わ
　　└P波によるゆれ
　　る小さなゆれ。

　b）〔②　　　　　〕…初期微動に
　　└S波によるゆれ
　　続いて伝わる大きなゆれ。

▶**初期微動継続時間**…P波が届いて
　からS波が届くまでの時間。震
　源からの距離が大きいほど, 初期微動継続時間は〔③長い　短い〕。

地震計の記録

初期微動　主要動

P波が到着　S波が到着

初期微動が始まる。　主要動が始まる。

初期微動継続時間と震源からの距離

震源からの距離

0　　　　到着時刻

初期微動継続
時間が長いほ
ど震源からの
距離が大きい。

ミス注意 **震源と震央**
　震源は地下で地震が発生した
場所。**震央**はその真上の地上の
点である。

⑥ 震度とマグニチュード, 地震の原因, 地震災害, 地層の変形

▶〔①　　　　　〕…地震の**ゆれの大きさ**の程度。
　└0〜7の10段階に分類。5と6は強弱の2種類がある。
▶〔②　　　　　〕…地震の**規模**を表す（記号M）。
▶**地震の原因**…地球表面をおおう〔③　　　　　〕のひずみによって
　　　　　　　　　　　　　　　　　└厚さ100kmほどの岩盤。十数枚ある。
　発生する。

▶**地震災害**…建物の倒壊, 〔④　　　　　〕, 地面の液状化などの被害
　　　　　　　　　　　　　└震源が海底の場合に発生することがある。
　が発生することがある。

▶**断層**と**しゅう曲**…地層
　に力がはたらくこと
　によってできる。

　a）〔⑤　　　　　〕…地
　　層が切れてできるくいちがい。

　b）〔⑥　　　　　〕…地層が押し曲げられたもの。

断層（正断層）

力　力　ずれの方向

しゅう曲

力　力

くわしく **P波とS波**
　P波と**S波**は, 震源から同時
に発生するが, P波の方がS波
より速く伝わるため, 観測地点
での到着時刻に差が生じる。こ
の時刻の差が初期微動継続時間
である。

くわしく **土地の隆起と沈降**
　隆起によってできる地形とし
ては, **河岸段丘**や**海岸段丘**など
が, **沈降**によってできる地形と
しては, **リアス(式)海岸**や多島
海などがある。

8日目 実力完成テスト

＊解答と解説…別冊 p.9
＊時　間………20分
＊配　点………100点満点

得点

　　　　　　点

1 右の図は，れき・砂・泥が混ざった土砂が流れこむ，ある河口近くの海岸のようすを断面図で表したもので，ア〜ウは，れき・砂・泥のいずれかである。次の問いに答えなさい。　〈4点×3〉

(1) 海底で地層ができるのは，流れる水のおもにどのようなはたらきによるか。　（　　　　　　　）のはたらき

(2) ア〜ウの層をつくっている堆積物の粒の大きい順にア〜ウの記号を並べよ。　（　　→　　→　　）

(3) ウの堆積物は何か。　（　　　　　　　）

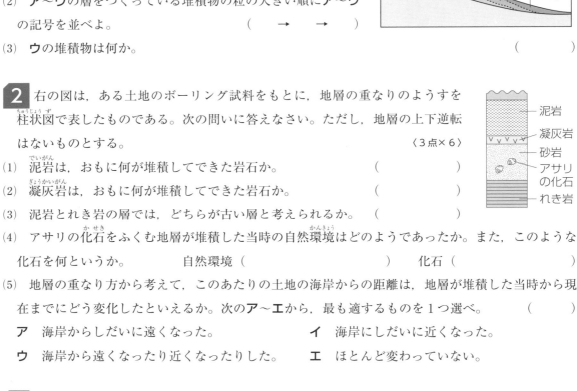

2 右の図は，ある土地のボーリング試料をもとに，地層の重なりのようすを柱状図で表したものである。次の問いに答えなさい。ただし，地層の上下逆転はないものとする。　〈3点×6〉

(1) 泥岩は，おもに何が堆積してできた岩石か。　（　　　　　　　）

(2) 凝灰岩は，おもに何が堆積してできた岩石か。　（　　　　　　　）

(3) 泥岩とれき岩の層では，どちらが古い層と考えられるか。　（　　　　　　　）

(4) アサリの化石をふくむ地層が堆積した当時の自然環境はどのようであったか。また，このような化石を何というか。　自然環境（　　　　　　　）　化石（　　　　　　　）

(5) 地層の重なり方から考えて，このあたりの土地の海岸からの距離は，地層が堆積した当時から現在までにどう変化したといえるか。次のア〜エから，最も適するものを1つ選べ。　（　　　　）

ア　海岸からしだいに遠くなった。　　　　イ　海岸にしだいに近くなった。

ウ　海岸から遠くなったり近くなったりした。　　　エ　ほとんど変わっていない。

3 右の図は，火山のしくみを表したものである。次の問いに答えなさい。　〈5点×4〉

(1) Aは地下の岩石がどろどろにとけたものである。これを何というか。

　　　　　（　　　　　　　）

(2) BはAが火口から噴出して流れ出たものである。これを何というか。

　　　　　（　　　　　　　）

(3) 火山が噴火するのはマグマにとけこんだ気体成分が気泡になってマグマが膨張するからである。この気泡は噴火すると何になるか。

　　　　　（　　　　　　　）

(4) 火山の形のちがいは，マグマのどのような性質のちがいによるものか。

　　　　　（　　　　　　　）

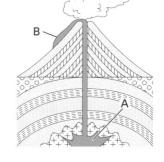

4 右の**図1**，**図2**は２種類の火成岩（かせいがん）のつくりを示したものである。　〈2点×7〉

図1　　**図2**

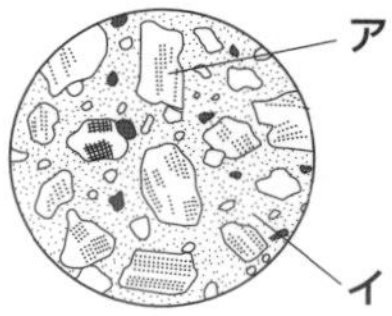

(1) **図1**，**図2**は，深成岩（しんせいがん）・火山岩（かざんがん）のどちらか。

　　　　　図1（　　　　　　）**図2**（　　　　　　）

(2) **図1**のつくりは，マグマがどのようなところでどのような冷え方をしてできたものか，説明せよ。（　　　　　　　　　　　）

(3) **図2**の**ア**，**イ**の部分をそれぞれ何というか。　**ア**（　　　　　　）**イ**（　　　　　　）

(4) 次の**ア**～**カ**の鉱物（こうぶつ）の中で，有色鉱物はどれか。すべて選べ。また，ほとんどの火成岩にふくまれる鉱物はどれか。1つ選べ。

　　　　　　　有色鉱物（　　　　　　）　ほとんどの火成岩にふくまれる鉱物（　　　）

ア カンラン石　　　**イ** 長石（ちょうせき）　　**ウ** 輝石（きせき）

エ カクセン石　　　**オ** 石英（せきえい）　　　**カ** 黒雲母（くろうんも）

5 右のグラフは，ある地震（じしん）の波について，震源（しんげん）からの距離（きょり）と地震の波の到着時刻（とうちゃく）の関係を示したものである。次の問いに答えなさい。　〈4点×6〉

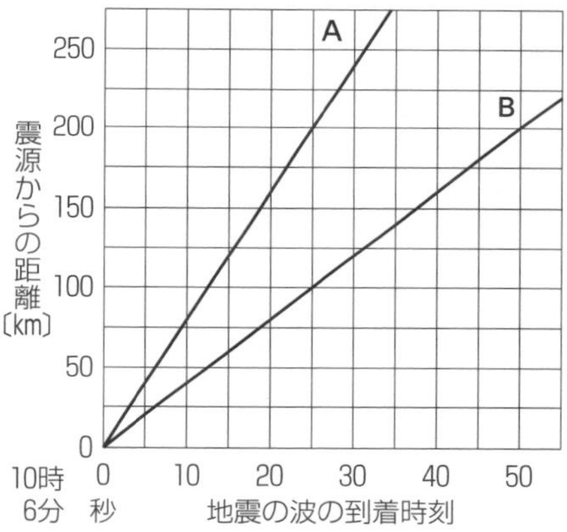

(1) グラフ**A**，**B**は，それぞれP波（ピーは），S波（エスは）のどちらの波を表したものか。　**A**（　　　　　　）**B**（　　　　　　）

(2) グラフ**A**で表される波の伝わる速さは，何km/sか。（　　　　　　　　　　　）

(3) 震源から200 kmの地点での，初期微動継続時間（しょきびどうけいぞくじかん）はおよそ何秒か。（　　　　　　　　）

(4) グラフから，震源からの距離と初期微動継続時間にはどのような関係があることがわかるか。
（　　　　　　　　　　　　　　　　　　　　　　　　　　　　　　　　　）

(5) マグニチュードは，何の大きさを表しているか。（　　　　　　　）

6 地層の変形や土地の変化について，次の問いに答えなさい。　〈4点×3〉

図1

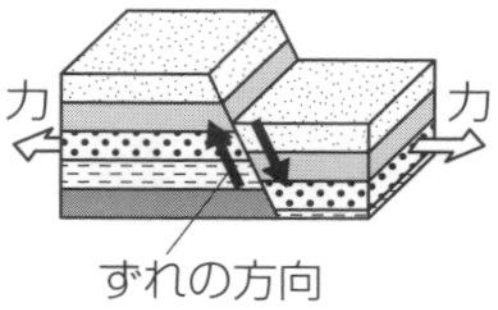

ずれの方向

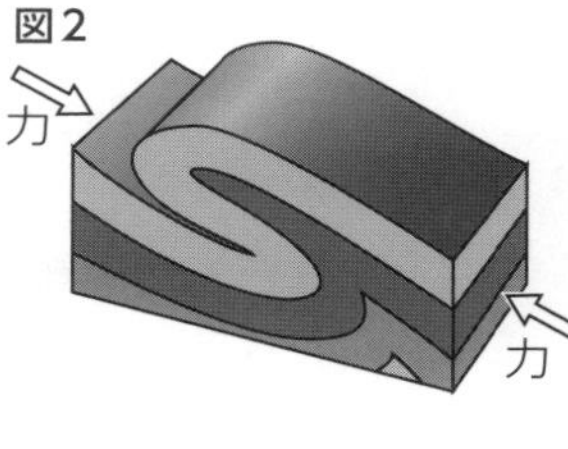

(1) **図1**のように，地層に大きな力がはたらき，ある面を境にして地層がくいちがったものを何というか。（　　　　　　）

(2) **図2**のように，地層に大きな力がはたらき，地層が押し曲げられ（お）たものを何というか。（　　　　　　）

(3) 大きな地震によってつくられる土地の変化として適当なものを，**ア**～**ウ**から1つ選べ。（　　　　　）

図2

ア 海岸段丘（かいがんだんきゅう）　　**イ** 鍾乳洞（しょうにゅうどう）　　**ウ** 扇状地（せんじょうち）

9 日目

動物の種類と生活

細胞のつくり，刺激の伝わり方，食物の消化と吸収，血液の循環，呼吸，動物の分類など，用語がたくさん出てくるので，整理して理解しましょう。

基礎の確認

解答▶別冊 p.10

●文中の〔　　〕に適する語を書き，{　　}は適する語を選びましょう。

① 生物と細胞

▶〔①　　　　　〕…生物のからだをつくる最小の単位。

生物には，〔②　　　　　〕生物と〔③　　　　　〕生物とがいる。
└からだが1つの細胞だけ　　　└からだに多くの細胞がある

▶細胞のつくり…1つの細胞に1つの**核**

がある。細胞内の核と細胞壁以外の部

分を〔④　　　　　〕といい，そのいちば

ん外側は〔⑤　　　　　〕という膜である。

植物の細胞だけに見られるものは，

〔⑥　　　　　〕，**液胞**，**細胞壁**である。

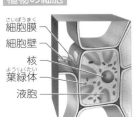

植物の細胞

細胞膜
細胞壁
核
葉緑体
液胞

② 感覚器官と刺激の伝わり方

▶〔①　　　　　〕…外界からの刺激を受けとる器官。
└目・耳・鼻・皮膚など

▶目や耳のはたらき…光の刺激は目の〔②　　　　　〕で受けとる。音
　　　　　　　　　　　　　　　　└光の刺激を受けとる細胞が並んだ膜
の振動（空気の振動）は，最初に耳の〔③　　　　　〕でとらえる。
　　　　　　　　　　　　　　　　　　└空気の振動をとらえ，振動する膜

▶刺激から反応まで…刺激は**感覚器官**⇒**感覚神経**⇒〔④　　　　　〕
　　　　　　　　　　　　　　　　　　　　　　　　└脳と脊髄
へと伝わり，命令は**中枢神経**⇒〔⑤　　　　　〕⇒**筋肉**へと伝わる。
　　　　　　　　　　　　　　　　　└運動器官

▶〔⑥　　　　　〕…刺激に対して無意識に起こる反応。

例熱いものにふれたときに，すぐに手を引っこめる。

③ 骨格と筋肉のしくみ

▶**けん**…筋肉の両端の

組織。〔①　　　　　〕

をへだてて2つの骨

に結びついている。

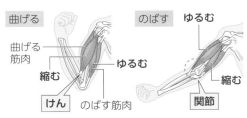

曲げる

曲げる筋肉
縮む
けん　のばす筋肉

のばす

ゆるむ
ゆるむ
縮む
関節

▶うでを曲げるとき，

曲げる筋肉（上腕二頭筋）は{②縮み　ゆるみ}，のばす筋肉（上
　　　　　　　└じょうわんにとうきん
腕三頭筋）は{③縮む　ゆるむ}。
└わんさんとうきん

確認 単細胞生物の例

　単細胞生物…ゾウリムシ，アメーバ，ミカヅキモ，ケイソウなど

くわしく 核の染色

　細胞を顕微鏡で観察する際，**酢酸カーミン液**や**酢酸オルセイン液**などの染色液を用いると，核が染まり観察しやすくなる。

くわしく 目や耳のつくり

●目のつくり

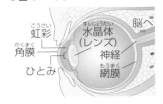

虹彩　　　　　　　脳へ
　　　　水晶体
　　　　（レンズ）
角膜　　　　　神経
ひとみ　　　　網膜

●耳のつくり

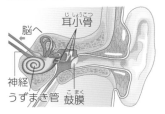

耳小骨
脳へ
神経
うずまき管　鼓膜

くわしく 反射

　反射は，大脳以外の中枢神経（脊髄など）から命令が出されるため，すばやい反応ができる。
⇒からだを危険から守るのに都合がよい。

34

❹ 食物の消化と吸収

▶〔①　　　　　　〕…食物中の栄養分を分解し，からだにとり入れやすい物質に変えること。

▶〔②　　　　　　〕…食物中の栄養分を分解するはたらきをもつ物質。**消化液**にふくまれる。

▶**吸収**…消化された栄養分は，**小腸**の内壁にある〔③　　　　　　〕から吸収される。

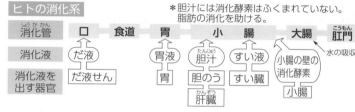

ヒトの消化系

＊胆汁には消化酵素はふくまれていない。脂肪の消化を助ける。

| 消化管 | 口 → 食道 → 胃 → 小腸 → 大腸 → 肛門 |

消化液…だ液／胃液／胆汁／すい液／小腸の壁の消化酵素　水の吸収

消化液を出す器官…だ液せん／胃／胆のう（肝臓）／すい臓／小腸

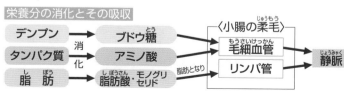

栄養分の消化とその吸収

デンプン → ブドウ糖
タンパク質 → アミノ酸　→ 毛細血管
脂肪 → 脂肪酸・モノグリセリド　脂肪となり → リンパ管

〈小腸の柔毛〉 → 静脈

❺ 血液とその循環

▶**血液の循環**…**肺循環**と〔①　　　　　　〕がある。
└心臓→肺→心臓と流れる。　└心臓→全身→心臓と流れる。

▶**血液の成分**…固体成分と液体成分がある。

　a）固体成分には，酸素を運ぶ〔②　　　　　　〕，細菌などを分解する〔③　　　　　　〕，血液を固める〔④　　　　　　〕がある。

　b）液体成分の〔⑤　　　　　　〕は，栄養分や二酸化炭素などの不要物を運ぶ役割がある。

　c）**血しょう**の一部が毛細血管からしみ出し，細胞の間を満たしているものを〔⑥　　　　　　〕という。

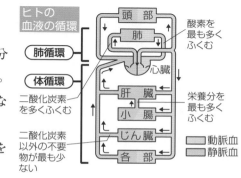

ヒトの血液の循環

頭部／肺／心臓／肝臓／小腸／じん臓／各部

肺循環／体循環

酸素を最も多くふくむ
栄養分を最も多くふくむ
二酸化炭素を多くふくむ
二酸化炭素以外の不要物が最も少ない

■動脈血　■静脈血

❻ 呼吸と排出

▶**呼吸系**…**気管**⇨〔①　　　　　　〕⇨肺（肺胞）とつながる。

▶〔②　　　　　　〕…肺をつくっている小さな袋。
└酸素と二酸化炭素の交換が行われる

▶**じん臓**…〔③　　　　　　〕などの不要物を血液中からこしとり，尿中に排出する。
└害の少ない

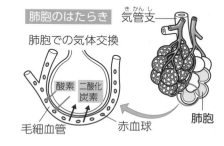

肺胞のはたらき

肺胞での気体交換
気管支
酸素　二酸化炭素
毛細血管　赤血球　肺胞

❼ 動物の分類

▶〔①　　　　　　〕…背骨のある動物。

▶〔②　　　　　　〕…背骨のない動物。〔③　　　　　　〕
└ミジンコ, カニ, バッタなど
や〔④　　　　　　〕のなかまなどがある。
└タコ, イカ, マイマイなど

	呼吸	からだの表面	なかまのふやし方
魚類	えら	うろこ	卵生（水中）
両生類	子：えらと皮膚　親：肺と皮膚	しめった皮膚	卵生（水中）
は虫類	肺	うろこ	卵生（陸上）
鳥類	肺	羽毛	卵生（陸上）
哺乳類	肺	毛	胎生

くわしく ヘモグロビン

赤血球中の赤色の色素。酸素の多いところでは酸素と結びつき，酸素の少ないところでは酸素をはなす。

くわしく 肺胞のつくり

肺は肺胞という小さな袋がたくさん集まってできていることで，表面積が大きくなり，気体の交換が効率よくできる。

確認 卵生と胎生

●**卵生**…親が卵を産んで卵から子がかえるふやし方。

●**胎生**…子が親の体内である程度成長してから生まれるふやし方。

9日目 実力完成テスト

* 解答と解説…別冊 p.10
* 時　間………20分
* 配　点………100点満点

得点

点

1 右の図は，ある植物の葉の細胞を顕微鏡で観察したものである。次の問いに答えなさい。　〈3点×5〉

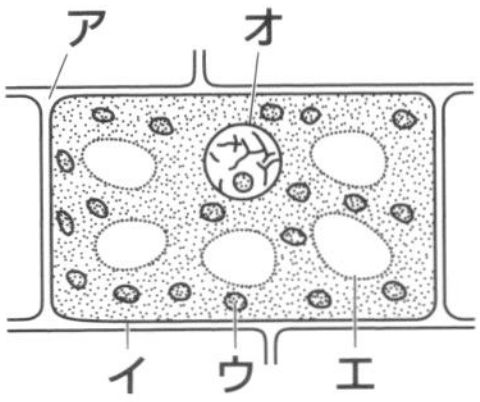

(1) 図中の**ア**，**エ**，**オ**のそれぞれの名称を書け。

ア（　　　　　）エ（　　　　　）オ（　　　　　）

(2) 酢酸カーミン液に最もよく染まる部分の記号を書け。　（　　　　　）

(3) **ア**，**イ**，**ウ**の中で，植物の細胞にも動物の細胞にもあるものはどれか。　（　　　　　）

2 右の図は，ヒトが刺激を受けとってから反応が起こるまでの道すじを示している。次の問いに答えなさい。〈3点×5　(3)は完答〉

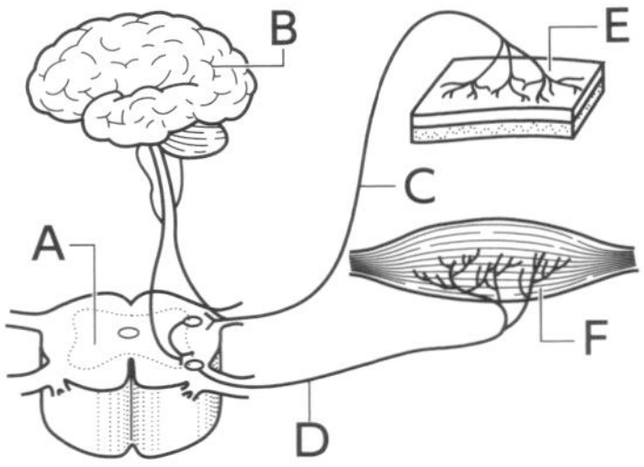

(1) **A**は中枢神経である。何というか。　（　　　　　）

(2) **D**の末しょう神経を何神経というか。　（　　　　　）

(3) **E**は感覚器官である。次の場合の感覚器官は何か。

①ものを見るとき（　　　）　②音楽を聞くとき（　　　　）

(4) 熱いやかんに手がふれると，思わず手を引っこめる。このときの刺激を受けとってから反応するまでの道すじを，図中の記号を順に並べて示せ。　（　　　　　　　　　）

(5) (4)のような反応を何というか。　（　　　　　）

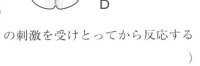

3 右の図は，ヒトのうでの骨格と筋肉のようすを示している。次の問いに答えなさい。　〈3点×4〉

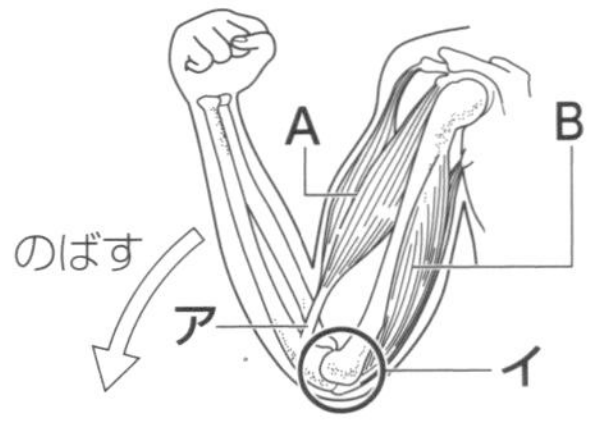

(1) **ア**と**イ**の部分をそれぞれ何というか。

ア（　　　　　）イ（　　　　　）

(2) うでをのばすとき，**A**，**B**の筋肉はそれぞれどうなるか。

A（　　　　　）B（　　　　　）

のばす

4 右の**図1**はヒトの消化器官，**図2**は小腸のある部分を表している。次の問いに答えなさい。　〈3点×5〉

(1) **A**～**H**から消化管を選び，食物が通っていく順に記号を並べよ。　（　　　　　　　　　）

(2) デンプン，タンパク質，脂肪のすべてを消化する消化液を出している器官は**A**～**H**のどれか。　（　　　　　）

(3) 胆汁は**A**～**H**のどこでつくられるか。　（　　　　　）

図1

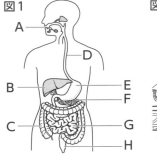

図2

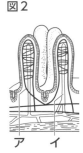

ア　イ

(4) **図2**は小腸の内壁を拡大した模式図である。小さな突起のようなものを何というか。（　　　　）

(5) 食物の栄養分が消化されてできた，ブドウ糖やアミノ酸は，**図2**の**ア**，**イ**のうちどちらに吸収されるか。
（　　　　）

5 右の図は，ヒトの血液循環を示したものである。次の問いに答えなさい。
〈3点×4〉

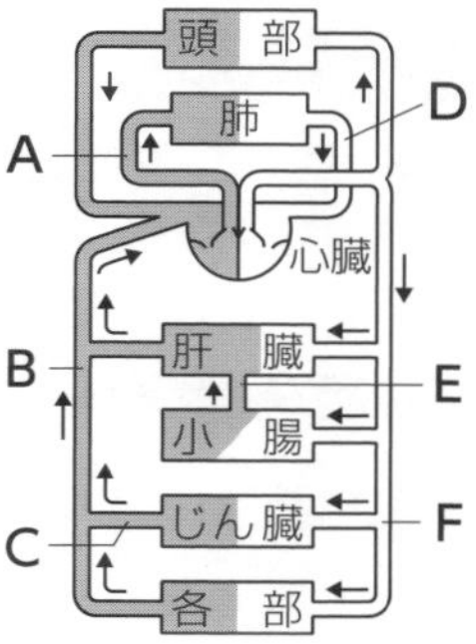

(1) 心臓（右心室）から出て，肺を通って心臓（左心房）にもどる血液の循環を何というか。（　　　　）

(2) 酸素が最も多くふくまれる血液が流れている静脈は，**A〜F**のうちのどれか。（　　　　）

(3) 栄養分が最も多くふくまれる血液が流れている血管は，**A〜F**のうちのどれか。（　　　　）

(4) 動脈血が流れている静脈は，**A〜F**のうちのどれか。（　　　　）

6 右の**図1**は肺胞での気体の交換のようすを，**図2**はある器官を表したものである。次の問いに答えなさい。
〈4点×4〉

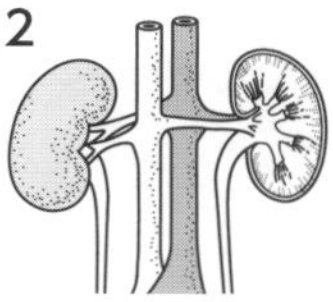

(1) 図中の〇は何という気体を表しているか。（　　　　）

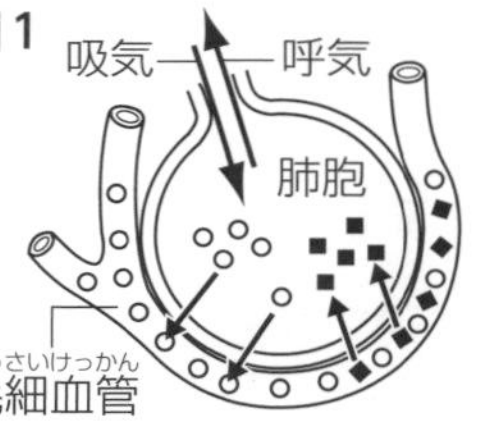

(2) 肺は小さな肺胞に分かれている。肺胞がたくさんあるとどんな点でつごうがよいか。
（　　　　）

(3) **図2**の器官を何というか。（　　　　）

(4) (3)の器官はどのようなはたらきをするか。（　　　　）

7 下の表は，脊椎動物の特徴をまとめたものである。次の問いに答えなさい。
〈(1)は2点×3，他は3点×3（(2)は完答）〉

(1) 表中の①〜③に入る語句を答えよ。

① （　　　　）　② （　　　　）

③ （　　　　）

(2) 次の**A〜G**の動物のうち，哺乳類はどれか。すべて答えよ。
（　　　　）

A サケ　**B** イルカ　**C** トカゲ　**D** クジラ　**E** ペンギン　**F** イモリ　**G** ヤギ

(3) イカはえらで呼吸し，卵生であるなどの特徴をもつが，表の5種類の動物のなかまには入らない。その最も大きな理由を簡単に答えよ。（　　　　）

(4) イカのように，内臓が外とう膜でおおわれている動物をまとめて何というか。
（　　　　）

	呼 吸	からだの表面	なかまのふやし方
魚 類	えら	（ ② ）	卵 生（水中）
両 生 類	子…えらや皮膚 親…肺や皮膚	しめった皮膚	卵 生（水中）
は 虫 類	（ ① ）	うろこ	卵 生（陸上）
鳥 類		羽 毛	卵 生（陸上）
哺 乳 類		毛	（ ③ ）

天気とその変化

天気記号のかき方や，高気圧・低気圧，前線などの構造や天気の変化をおさえましょう。雲のでき方や湿度の計算にも十分注意しましょう。

基礎の確認

解答▶別冊 p.11

●文中の〔 〕に適する語を書き，{ }は適する語を選びましょう。

❶ 気象観測

▶ **気象要素**…気温，〔①　　　　　〕，風向・風
└空気のしめりぐあい

速・風力，〔②　　　　　〕などをいう。
└大気・空気の圧力

右の図では，天気が〔③　　　　〕，風向が

{④北東　南西}，風力が4である。

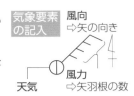

気象要素の記入

風向 ⇨ 矢の向き
天気
風力 ⇨ 矢羽根の数

確認 気温

地面からおよそ1.5 mの高さの気温をはかる。

ミス注意 おもな天気記号

○…快晴（雲量 0〜1）
①…晴れ（雲量 2〜8）
◎…くもり（雲量 9〜10）

❷ 空気中の水蒸気量

▶〔①　　　　　〕…空気中の水蒸気の一部が

凝結するときの温度。空気の水蒸気量
└水蒸気が水滴になること

が多くなるほど，{②高く　低く}なる。

▶〔③　　　　　〕…空気1m³がふくむ

ことができる水蒸気量の最大限度。

▶〔④　　　　　〕…空気のしめりぐあい。

%で表す。

露点のはかり方

温度計
金属のコップ
氷水
温度計

表面がくもり始めたときの温度
⇨**露点**

$$湿度〔\%〕=\frac{1 m^3の空気にふくまれる水蒸気の質量〔g/m^3〕}{その空気と同じ気温での〔⑤　　　　　〕〔g/m^3〕}×100$$

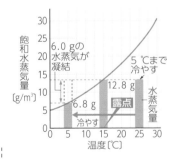

飽和水蒸気量と露点の関係

6.0 gの水蒸気が凝結
5 ℃まで冷やす
12.8 g
6.8 g
露点
冷やす

くわしく 湿度の求め方

気温が25 ℃のときの飽和水蒸気量は23.1 g/m³である。空気1m³中に12.8 gの水蒸気がふくまれているとき，この空気の湿度は，

$$湿度=\frac{12.8 g/m^3}{23.1 g/m^3}×100 ≒ 55.4\%$$

❸ 雲のでき方

▶ **雲のでき方**…空気が{①上昇　下降}

する⇨空気が{②膨張　収縮}する⇨

温度が{③上昇　低下}する⇨水蒸気

が凝結する⇨雲が発生する。

▶ **大気中の水の循環**…地球上の水は，

蒸発，凝結，降水をくり返しなが

ら，たえず循環している。

この循環は，〔④　　　　〕のエネル

ギーがもとになっている。

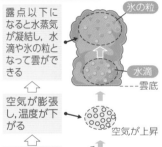

雲のできるしくみ

露点以下になると水蒸気が凝結し，水滴や氷の粒となって雲ができる

氷の粒
水滴
雲底

空気が膨張し，温度が下がる

空気が上昇

水蒸気をふくむ空気が上昇

水蒸気
地表

水の循環

凝結
大気中の水蒸気
雲
降水
蒸発
流水
蒸発
降水
海
陸地

④ 圧力と大気圧

▶〔①　　　　　〕…単位面積あ
たりの面を垂直に押す力。

$$圧力〔Pa〕=\frac{面を垂直に押す力〔N〕}{力がはたらく面積〔m^2〕}$$

単位：Pa，1 Pa＝1 N/m²

▶〔②　　　　　〕…大気が物体におよぼす圧力。気圧ともいう。
海面（海抜 0 m）の大気圧（1 気圧）は約1013 hPa。

くわしく　等圧線と高気圧・低気圧

気圧の等しいところを結んだ
曲線を**等圧線**といい，周囲より
も気圧が高いところを**高気圧**，
低いところを**低気圧**という。

⑤ 気圧と風，前線と天気の変化

▶気圧と風…風は気圧が高いところから低いところに向かっ
てふく。等圧線の間隔がせまいほど風が｜①強い　弱い｜。

▶高気圧・低気圧の中心付近の気流…高気圧⇨｜②上昇　下
降｜気流が生じる。低気圧⇨｜③上昇　下降｜気流が生じる。

▶〔④　　　　　　〕…中緯度帯に発生する，前線をともな
う低気圧。

　a）**寒冷前線**の通過時は強い雨や強風をともなう。雨は
　　短時間でやみ，通過後，風向は南寄りから〔⑤　　　〕
　　寄りに変化する。気温は｜⑥上がる　下がる｜。

　b）**温暖前線**の通過時はおだやかな雨が長時間続く。通
　　過後，風向は東寄りから〔⑦　　　〕寄りに変化する。
　　気温は｜⑧上がる　下がる｜。

⑥ 日本の天気の特徴，大気の循環

▶〔①　　　　　〕…気温や湿度がほぼ一様な空気のかたまり。

　a）〔②　　　〕**気団**…冬に発達。冷たく乾いている。

　b）〔③　　　〕**気団**…夏に発達。あたたかくしめっている。

　c）〔④　　　〕**気団**…6 月や 9 月ごろに発達。冷たくしめって
　　いる。

▶大気の循環と天気…低緯度帯の地表付近では貿易風が発生する。
中緯度帯の上空では〔⑤　　　　　〕が発生するため，日本の天気
は｜⑥東から西　西から東｜に変化する。

▶季節ごとの天気の特徴…以下のような特徴がある。

　a）**冬**…〔⑦　　　　〕の気圧配置。**北西の季節風**。

　b）**夏**…〔⑧　　　　〕の気圧配置。**南東の季節風**。

　c）**春・秋**…〔⑨　　　　〕高気圧と低気圧が交互に通過。

　d）**つゆ（梅雨）・秋雨**…東西に停滞前線ができる。

高気圧と低気圧のようす　（北半球）

寒冷前線と温暖前線の断面図

寒気が暖気を押して進む。　暖気が寒気の上に上がる。

日本付近のおもな気団

大気の循環

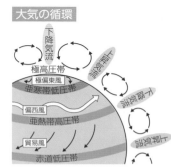
〈冬の季節風〉　〈夏の季節風〉

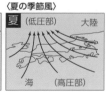

実力完成テスト

＊解答と解説…別冊 p.11
＊時　間………20分
＊配　点………100点満点

得点

点

1 気象要素や圧力について，次の問いに答えなさい。　　　　　　　　〈4点×6〉

(1) 天気記号で，晴れを示すものを，次の**ア～エ**から1つ選べ。　　　（　　　）

　ア ○　　**イ** ◎　　**ウ** ①　　**エ** ●

(2) 空全体を10としたとき，雲量が5の天気は何か。　　　（　　　　）

(3) 山の麓ではしわが寄っていた菓子袋が，山頂ではふくらんでいる理由を簡
　単に説明せよ。　　　（　　　　　　　　　　）

(4) 「南の風　風力3　天気　くもり」の気象要素を右図にかき入れよ。

(5) 48 Nの直方体を，**A**面（12 cm²），**B**面（15 cm²），**C**面（20 cm²）を下にして床に置いたとき，
　床におよぼす圧力が最も大きいのは，どの面を下にしたときか。　　　（　　　　）

(6) (5)のとき，床におよぼす圧力は何Paか。　　　（　　　　）

2 実験室において，右の図のように，水の入った金属製のコップに氷水を入れて，
かき混ぜながら水温を下げていった。次の問いに答えなさい。　　　〈4点×3〉

(1) しばらくすると，コップの表面がくもり始めた。このときの水温は15℃であった。
　この温度を何というか。　　　（　　　　　）

(2) 右の表は，気温と飽和水蒸気量の関係を表したも
　のである。(1)のとき，この実験室の空気1 m³にふ
　くまれる水蒸気量は何 g か。　　　（　　　）

気温〔℃〕	0	5	10	15	20	25	30
飽和水蒸気量〔g/m³〕	4.8	6.8	9.4	12.8	17.3	23.1	30.4

(3) この空気の温度を5℃まで下げると，空気1 m³あたりに出てくる水滴は何 g か。　（　　　　）

3 右の図のような装置で，雲ができるしくみを調べた。次の
問いに答えなさい。　　　〈4点×4〉

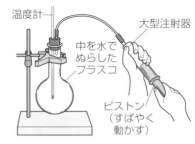

(1) ピストンをすばやく引くと，フラスコの中ではどんな変化が
　起こるか。次の**ア～エ**から1つ選べ。　　　（　　　）

　ア 温度が上がり，白くくもる。　　**イ** 温度が上がるだけ。
　ウ 温度が下がり，白くくもる。　　**エ** 温度が下がるだけ。

(2) (1)のあと，ピストンをすばやく押すとどうなるか。　　　（　　　　）

(3) 雲のできるしくみについて述べた次の文について，｜　｜の中の適する方を○で囲め。
　　地上付近の空気はあたためられると上昇し，上空では ｜ 膨張し　　圧縮され ｜ て温度が
｜ 上がり　　下がり ｜，露点に達すると，水蒸気が水滴となる。小さな水滴や，水滴が氷の粒に
なったものが上空に浮かんでいるものが雲である。

4 右の**図１**，**図２**は，高気圧と低気圧のどちらかの上空の気流を横から見たようすを表している。次の問いに答えなさい。

〈４点×４〉

図１　図２

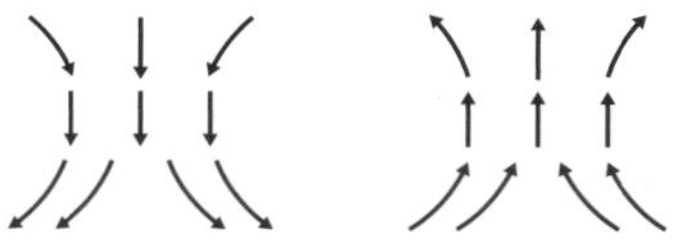

⑴　低気圧の中心付近の気流のようすを表しているのは**図１**と**図２**のどちらか。　(　　　)

⑵　右の図の**ア**～**エ**は，北半球における地上付近の等圧線のようすと風のふき方を表したものである。高気圧のようすを表したものはどれか。　(　　　)

ア　イ　ウ　エ

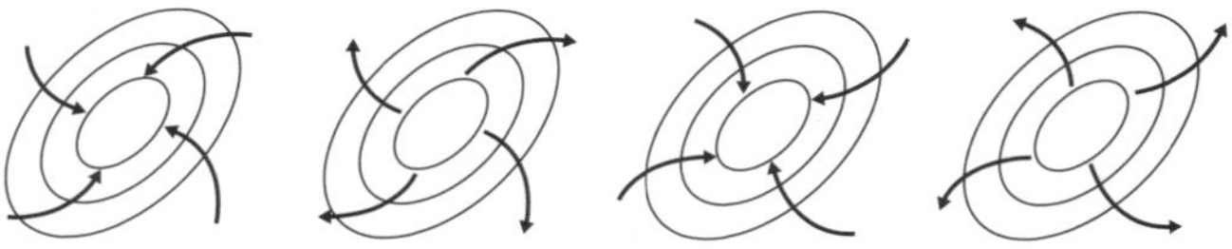

⑶　**図２**の気流の名称と，中心付近の天気のようすをそれぞれ書け。

気流名（　　　　　　　）　天気のようす（　　　　　　　）

5 右の**図１**は日本付近の気団のようすを表したもので，**図２**はある温帯低気圧のようすを示したものである。

〈４点×５〉

⑴　**図１**の**A**～**C**気団の中で，あたたかくて，しめっているものはどれか。記号で答えよ。　(　　　)

⑵　**図１**の**A**～**C**気団の中で，日本の冬に影響を与えるものはどれか。記号で答えよ。　(　　　)

⑶　**図２**の**ア**，**イ**の前線で，寒冷前線はどちらか。　(　　　)

⑷　**図２**の**A**～**C**の地点で，現在おだやかな雨が降っていると考えられるところはどこか。　(　　　)

⑸　**図２**の**X**－**Y**を通り，地表面に垂直な断面のようすを表したものは，下の**ア**～**エ**のどれか。適するものを１つ選べ。(　　　)

図１

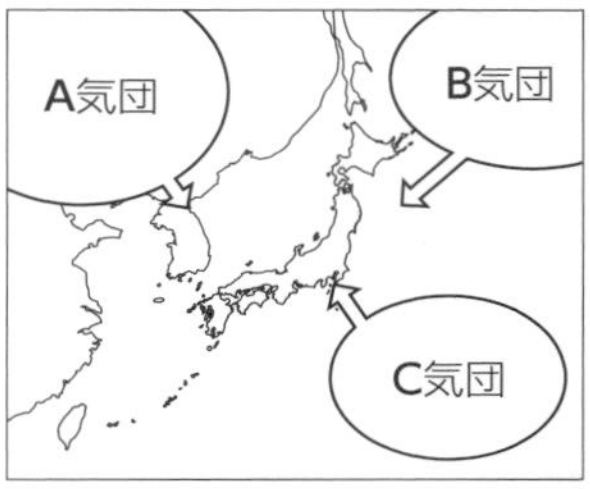

A気団
B気団
C気団

図２

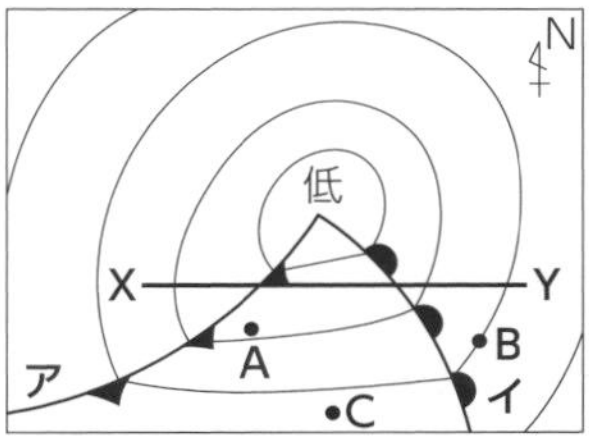

N
低
X
Y
A
B
C
ア
イ

ア　イ　ウ　エ

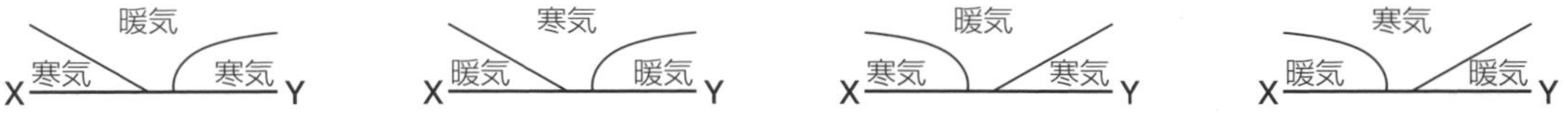

暖気
X 寒気 寒気 Y
寒気
X 暖気 暖気 Y
暖気
X 寒気 寒気 Y
寒気
X 暖気 暖気 Y

6 右の図は，日本のいずれかの季節の天気図である。次の問いに答えなさい。

〈４点×３〉

⑴　冬型の気圧配置を表しているものはどれか。**ア**～**ウ**から１つ選べ。　(　　　)

⑵　春から初夏に，日本海側を中心に突風を生じさせる気圧配置を表しているものはどれか。　(　　　)

⑶　日本の場合，高気圧や低気圧がおおむね西から東へ移動する。その原因となる，日本の上空にふく強い風を何というか。　(　　　　　)

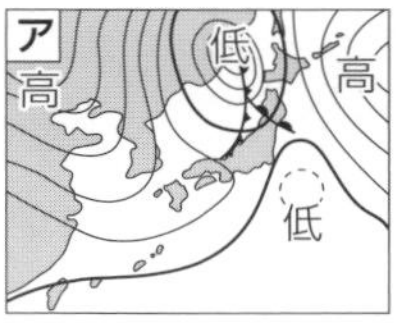

ア
高
低
高
低

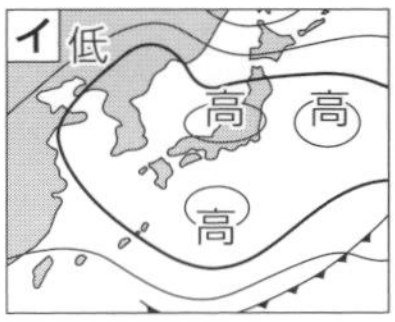

イ
低
高
高
高

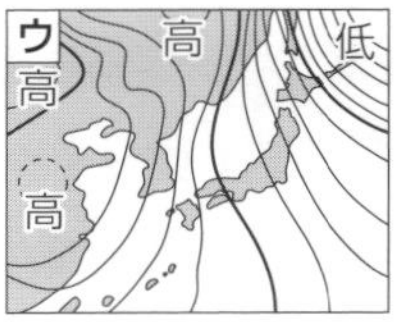

ウ
高
高
低
高

1日目
2日目
3日目
4日目
5日目
6日目
7日目
8日目
9日目
10日目

総復習テスト 第1回

＊解答と解説…別冊 p.12
＊時　間………30分
＊配　点………100点満点

得点

点

1 光の性質によるさまざまな現象について，次の問いに答えなさい。 〔山梨県〕〈5点×2〉

(1) からのカップにコインを入れて水を注ぎ，ななめ上から見ると，コインが浮かんでいるように見える。これは，水中のコインからの光が水面で屈折するために起こる現象であり，**図1**は，コインからの光の道すじを模式的に表している。このときのコインからの光の道すじとして，最も適当なものを**図1**の**ア～エ**から１つ選び，その記号を書け。　　　　　（　　　　）

図1

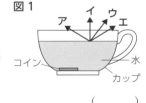

(2) **図2**は，鏡の前に立っている観察者が，鏡に映るある物体を見ているところを，真上から見たときの模式図である。点**P**は観察者の位置を，点**Q**は鏡に映って見える物体の像の位置をそれぞれ示している。このとき，実際の物体の位置はどこか。**図2**に ● で記入せよ。また，物体からの光が鏡で反射し，観察者に届くまでの道すじを実線（――）でかき入れよ。

図2

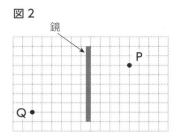

2 ある種子植物を用いて，植物が行う吸水のはたらきについて調べる実験を行った。あとの問いに答えなさい。 〔富山県〕〈5点×6〉

実験 ① 葉の大きさや数，茎の太さや長さが等しい枝を４本準備した。

② それぞれ，下の図のように処理して，水の入った試験管**A～D**に入れた。

③ 試験管**A～D**の水面に油を１滴たらした。

④ 試験管**A～D**に一定の光を当て，10時間放置し，水の減少量を調べ，表にまとめた。

A

水
何も処理しない。

B

水
葉の裏側だけにワセリンをぬる。

C

水
葉の表側だけにワセリンをぬる。

D

水
すべての葉をとって，その切り口に，ワセリンをぬる。

試験管	A	B	C	D
水の減少量〔g〕	a	b	c	d

(1) ③において，水面に油をたらしたのはなぜか，その理由を簡単に書け。

（　　　　　　　　　　　　　　　　　　　　　　　　　　　　）

(2) 種子植物などの葉の表皮に見られる，気体の出入り口を何というか。　　（　　　　　）

(3) 表中のdをa，b，cを使って表すと，どのような式になるか。　　（　　　　　）

(4) 10時間放置したとき，$b＝7.0$，$c＝11.0$，$d＝2.0$であった。**A**の試験管の水が10.0 g減るのにかかる時間は何時間か。小数第１位を四捨五入して整数で答えよ。

（　　　　　）

(5) 種子植物の吸水について説明した次の文の空欄(**X**)，(**Y**)に適切な言葉を書け。

X（　　　　　　　）　Y（　　　　　　　）

> ・吸水の主な原動力となっているはたらきは(**X**)である。
>
> ・吸い上げられた水は，根，茎，葉の(**Y**)という管を通って，植物のからだ全体に運ばれる。

3 化学変化と物質の質量の変化との関係を調べるために，次の実験を行った。あとの問いに答えなさい。

〔高知県・改〕〈6点×3〉

実験 図のように，炭酸水素ナトリウムの粉末の入ったプラスチック容器に，うすい塩酸の入った試験管を入れ，ふたで密閉をしたあと，プラスチック容器全体の質量をはかった。次に，プラスチック容器を密閉したまま傾け，うすい塩酸と炭酸水素ナトリウムを混ぜ合わせると，反応して気体が発生した。気体が発生しなくなってから，再びプラスチック容器全体の質量をはかると，化学変化の起こる前と質量は変わらなかった。

(1) 実験における化学変化を，化学反応式で表せ。

NaHCO₃ ＋ HCl ⟶ （　　　　　　　　　　　　　　　　）

(2) 実験のように，化学変化の前後で，化学変化に関係する物質全体の質量に変化はないという法則を何というか。　　　　　　　　　　　　　　　　　（　　　　　　　）

(3) 次の文は，実験の結果について述べたものである。文中の　**A**　，　**B**　にあてはまる語の組み合わせとして正しいものを，下のア～エから1つ選び，その記号を書け。　　（　　　　）

> 化学変化が起こっても物質全体の質量が変化しなかったのは，化学変化の前後で，原子の　**A**　は変化するが，原子の　**B**　は変化しないからである。

ア **A**－組み合わせ　　**B**－種類や数　　　**イ** **A**－種類や数　　**B**－組み合わせ
ウ **A**－種類　　**B**－数や組み合わせ　　　**エ** **A**－数や組み合わせ　　**B**－種類

4 野外に出かけ，地層を観察した。あとの問いに答えなさい。 〔岐阜県・改〕〈6点×4 (2)完答〉

観察 最初に地層全体を，離れた場所から観察した。図1はそのスケッチである。その後，近づいて観察すると，Aはサンヨウチュウの化石をふくむ泥岩，Bは砂岩，Cはれき岩，Dは花こう岩でできた地層であった。そして，Cにふくまれるれきを観察すると，多くが丸みを帯びていた。次に，Dの花こう岩の表面をルーペで観察した。図2は，その花こう岩のスケッチである。なお，観察した地層では，しゅう曲や断層は見られない。

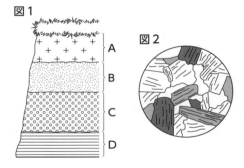

図1

図2

(1) **図1**の地層の重なり方から，これらの地層がどのような順で堆積したのかを考えることができる。A〜Cの地層の中で，堆積した時期が最も新しい地層はどれか。A〜Cから1つ選び，その記号を書け。　　　　　　　　　　　　　　　　　　　　　　　　　　　　　（　　　）

(2) **A**はサンヨウチュウの化石をふくんでいたので，古生代に堆積したことがわかる。このように，地層の堆積した年代を推定できる化石を何というか。また，このような化石の説明として最も適切なものを，次の**ア〜エ**から1つ選び，その記号を書け。　　　化石（　　　）　記号（　　　）

　ア　せまい範囲にすんでいて，短期間に栄えて絶滅した生物の化石

　イ　せまい範囲にすんでいて，長期間にわたって栄えた生物の化石

　ウ　広い範囲にすんでいて，短期間に栄えて絶滅した生物の化石

　エ　広い範囲にすんでいて，長期間にわたって栄えた生物の化石

(3) **図2**で観察された鉱物は，ひとつひとつが大きく，同じくらいの大きさのものが多かった。このようなつくりを何というか。　　　　　　　　　　　　　　　　　　　　　（　　　　　　　）

(4) 地下のマグマがもつエネルギーでつくられた高温・高圧の水蒸気を利用する発電を何というか。

（　　　　　　　）

5　**図1**のような装置を用いて，電熱線に加える電圧を変えて，電流の変化を調べる実験を行った。**図2**は電熱線aとbのそれぞれについて，この実験の結果をグラフに表したものである。ただし，電熱線以外の抵抗は考えないものとする。

〔福岡県・改〕〈6点×3　(2)完答〉

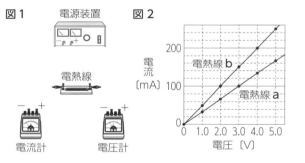

(1) 電熱線に加える電圧を変えて電流の変化を調べるための回路を，**図1**の電源装置，電熱線，電流計，電圧計のすべてを導線でつないで完成させよ。ただし，導線は──線で表すこと。

(2) 下の□□□内は，**図2**のグラフからわかったことである。文中の（**ア**）に，下線部のように判断できる根拠となる，**図2**のグラフの特徴を，簡潔に書け。また，文中の（**イ**）に入る，適切な数値を書け。　　　**ア**（　　　　　　　　　　　　　）　**イ**（　　　）

　　電熱線aとbのグラフがともに（**ア**）であることから，電熱線を流れる電流は電圧に比例する。また，電熱線aとbを比べると，電熱線aの抵抗の大きさは，電熱線bの抵抗の大きさの（**イ**）倍である。

(3) 次に，電熱線aとbを用いて，**図3**の回路をつくった。電源装置の電圧を6.0 Vにして**図3**の回路に電流を流したときの回路全体の電力を求めよ。単位も正しく記入せよ。　　　　　　　　　（　　　　　　　）

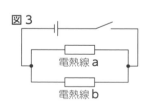

総復習テスト 第2回

＊解答と解説…別冊 p.14
＊時　間………30分
＊配　点………100点満点

得点

点

1 硝酸カリウム，塩化ナトリウム，ショ糖，ミョウバンの4種類の物質について，水へのとけ方を調べるために，次のⅠ，Ⅱ，Ⅲ，Ⅳの実験や調査を順におこなった。あとの問いに答えなさい。　　〔栃木県〕〈5点×4　(3)完答〉

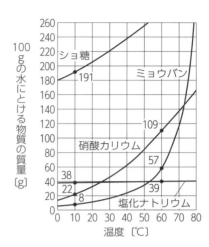

Ⅰ　4種類の物質をそれぞれ8.0 gずつとり，別々の試験管A，B，C，Dに入れた。それぞれの試験管に20 ℃の水10 gを加えてよく振り混ぜたところ，試験管Cに入れた物質だけがすべてとけた。

Ⅱ　試験管A，B，Dをそれぞれ加熱して60 ℃に保ちながら，中の溶液をよく振り混ぜたところ，試験管Bに入れた物質はすべてとけたが，試験管A，Dにはとけ残りがあった。

Ⅲ　試験管A，B，C，Dをそれぞれ10 ℃まで冷やしたところ，試験管B，Dの中の溶液からは結晶が出てきたが，試験管A，Cでは新たに出てくる結晶はほとんど見られなかった。

Ⅳ　これら4種類の物質について調べたところ，水溶液の温度ととける物質の質量には上の図のような関係があることがわかった。図の中の10 ℃，60 ℃における数値は，それぞれの温度で100 gの水にとける各物質の質量を示している。

(1)　試験管C，Dについて，とけている物質はそれぞれ何か。物質名で答えよ。

C（　　　　　）　D（　　　　　）

(2)　実験Ⅲで，試験管Bの中の溶液から出てくる結晶は何gか。　　　　（　　　　　　）

(3)　新たな試験管に硝酸カリウム3.0 gと10 ℃の水5.0 gを入れてよく振り混ぜながら加熱したところ，60 ℃ではすべてとけていた。60 ℃のときの硝酸カリウム水溶液の質量パーセント濃度は何％か。小数第1位を四捨五入して整数で書け。また，硝酸カリウムがすべてとけたときの温度に最も近いものは，次のうちどれか。　　濃度（　　　　　）　記号（　　　　）

ア　20 ℃　　　　イ　30 ℃　　　　ウ　40 ℃　　　　エ　50 ℃

2 気象とその変化に関する次の問いに答えなさい。**図1**は，ある年の3月10日3時における天気図である。

〔静岡県・改〕〈5点×4　(1)完答〉

図1

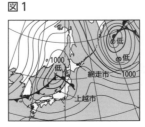

図2

(1)　**図2**は，**図1**の網走市の天気，風向，風力を表したものである。**図2**から，このときの網走市の天気と風向を読みとれ。　　　　天気（　　　　　）　風向（　　　　　）

(2) **図3**は，**図1**の上越市における３月10日の１時から15時までの気温と湿度の変化を示したものである。**図1**と**図3**から，この日の８時ごろに上越市を前線が通過し始めたことがわかる。右の**ア〜エ**の中から，上越市における，８時ごろに通過し始めた前線と，12時の天気の組み合わせとして，最も適切なものを１つ選び，記号で答えよ。また，そのように判断した理由として，**図3**から読みとれることを，前線と天気について１つずつ簡単に書け。

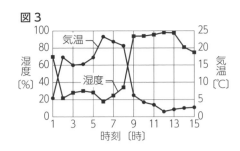

図3

	前線	天気		前線	天気
ア	温暖	晴れ	**イ**	温暖	雨
ウ	寒冷	晴れ	**エ**	寒冷	雨

記号（　　　）

前線（　　　　　　　　　　　　　　　）　天気（　　　　　　　　　　）

3 電流と磁界の関係を調べるために，コイルとブラシ，整流子，U字形磁石を用いてモーターをつくり，次の実験Ⅰ・Ⅱを行った。このことについて，あとの問いに答えなさい。

〔高知県〕〈5点×5〉

Ⅰ　モーターを直流の電源装置につないでコイルに電流を流すと，コイルは連続して回転した。

Ⅱ　モーターを検流計につなぎ，コイルを指ではじいて回転させた。すると，コイルに電圧が生じ，電流が流れて検流計の針が振れた。

(1) 右の図は，実験Ⅰのモーターを模式的に表したものである。コイルに図中の→の向きに電流を流したとき，U字形磁石による磁界の向きと，コイルの回転の向きの組み合わせとして最も適切なものを，次の**ア〜エ**から１つ選び，その記号を書け。　（　　　）

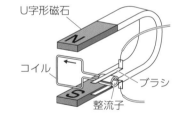

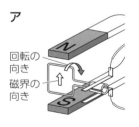 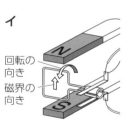 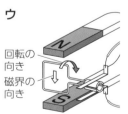 

(2) 実験Ⅰで整流子は，コイルを連続して回転させるためにどのようなはたらきをしているか，簡潔に書け。

（　　　　　　　　　　　　　　　　　　　　　　　　　　　　　　　）

(3) 実験Ⅰのモーターのコイルと磁石は変えずに，コイルの回転をさらに速くするためにはどのようにすればよいか，１つ簡潔に書け。

（　　　　　　　　　　　　　　　　　　　　　　　　　　　　　　　）

(4) 右の図のように，実験ⅠのモーターのU字形磁石のN極と
S極をひっくり返して，実験Ⅰと同様の実験を行った。この
ときのコイルの回転はどのようになるか。次の**ア**〜**エ**から
1つ選び，その記号を書け。　　　　　　　　（　　　）

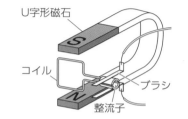

ア　実験Ⅰと同じ向きに回転する。

イ　実験Ⅰとは逆向きに回転する。

ウ　実験Ⅰと同じ向きの回転と逆向きの回転を交互にくり返す。

エ　回転しない。

(5) 右の図は，実験Ⅱの装置を模式的に表したものである。実
験Ⅱで，コイルを回転させることによってコイルに電圧が生
じた理由を，簡潔に書け。

（
　　　　　　　　　　　　　　　　　　　　　　　　　　　　　　）

4　図1は，ヒトのからだの細胞と毛細血管を模式的に示したもの
である。図2は，ヒトの血液の循環を模式的に示したものであり，
a〜**h**は血管を表し，矢印→は血液が流れる向きを表している。ま
た，**W**〜**Z**は，肝臓，小腸，じん臓，肺のいずれかの器官を表して
いる。あとの問いに答えなさい。

〔三重県〕〈5点×4〉

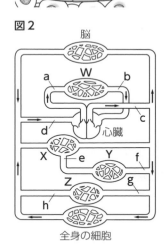

図1

図2

(1) 次の文は，図1に示したからだの細胞と毛細血管の間で行われて
いる物質のやりとりについて説明したものである。文中の（　**あ**　）に入
る最も適当な言葉は何か。漢字で書け。

（　　　　　　　　）

> 血しょうの一部は毛細血管からしみ出して（　**あ**　）となり，細胞
> のまわりを満たす。血液によって運ばれてきた養分や酸素は，
> （　**あ**　）を通して細胞に届けられる。

(2) 図2で，ブドウ糖やアミノ酸などは器官**Y**で吸収されて毛細血管に入り，血管**e**を通って器官
Xに運ばれる。器官**X**は何か，次の**ア**〜**エ**から1つ選び，その記号を書け。　　（　　　）

ア　肝臓　　　**イ**　小腸　　　**ウ**　じん臓　　　**エ**　肺

(3) 尿素の割合が最も低い血液が流れている血管はどれか。図2の**a**〜**h**から最も適当なものを1つ
選び，その記号を書け。　　　　　　　　　　　　　　　　　　　　　　　　　　　（　　　）

(4) 動脈血が流れている血管はどれか。図2の**a**〜**d**から適当なものをすべて選び，その記号を書け。

（　　　　　　　　）

5 図のような装置をつくり，枝つきフラスコにエタノールの濃度10%の赤ワイン30 cm³と沸騰石を入れ，弱火で熱し，出てきた液体を約2 cm³ずつ試験管A，B，Cの順に集めた。次に，A〜Cの液体をそれぞれ蒸発皿に移し，マッチの火をつけると，A，Bの液体は燃えたが，Cの液体は燃えなかった。次の問いに答えなさい。 〔岐阜県・改〕〈5点×3 (3)完答〉

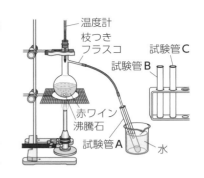

温度計
枝つき
フラスコ
試験管C
試験管B
赤ワイン
沸騰石
試験管A
水

(1) 図において，温度計の球部を枝つきフラスコの枝のつけ根の高さにした理由を，簡潔に書け。 (　　　　　　　　　　　　　　　　　　　)

(2) A，Cの液体の密度について説明したものとして，最も適当なものを，ア〜ウから1つ選び，その記号を書け。ただし，エタノールの密度を0.79 g/cm³，水の密度を1.0 g/cm³とする。 (　　　)
　ア　Aの液体よりCの液体の方が密度は大きい。　イ　Aの液体よりCの液体の方が密度は小さい。
　ウ　Aの液体とCの液体の密度は同じである。

(3) エタノール(C_2H_6O)が燃えたときの化学変化を化学反応式で表すと，次のようになる。それぞれの□にあてはまる整数を書き，化学反応式を完成させよ。ただし，同じ数字とはかぎらない。

$$C_2H_6O \ + \ 3O_2 \ \longrightarrow \ \boxed{}CO_2 \ + \ \boxed{}H_2O$$

エタノール　　　酸素　　　　　　二酸化炭素　　　　水

デザイン：山口秀昭（Studio Flavor）
表紙イラスト：ミヤワキキヨミ
図版：株式会社 アート工房
編集協力：株式会社 プラウ21
DTP：株式会社 明昌堂
　　　（データ管理コード　23-2031-2313（2020））

本書に関するアンケートにご協力ください。
右のコードかURLからアクセスし，以下のアンケート番号を入力してご回答ください。当事業部に届いたものの中から抽選で年間200名様に，「図書カードネットギフト」500円分をプレゼントいたします。

アンケート番号： 305374

Webページ >>> https://ieben.gakken.jp/qr/10_chu1and2/

10日間完成　中1・2の総復習
理科　改訂版

2005年 7 月　　　　初版発行
2011年11月　　　　新版発行
2021年 6 月29日　改訂版第1刷発行
2023年12月15日　第6刷発行

編者　　学研プラス
発行人　土屋徹
編集人　代田雪絵
編集担当　中村円香
発行所　株式会社Gakken
　　　　〒141-8416　東京都品川区西五反田2-11-8
印刷所　株式会社 リーブルテック

●この本に関する各種お問い合わせ先
本の内容については，下記サイトの
お問い合わせフォームよりお願いします。
　https://www.corp-gakken.co.jp/contact/
在庫については
　☎03-6431-1199（販売部）
不良品（落丁，乱丁）については
　☎0570-000577
　　学研業務センター
　　〒354-0045 埼玉県入間郡三芳町上富279-1
上記以外のお問い合わせは
　☎0570-056-710（学研グループ総合案内）

10日間完成
中1・2の
総復習 [改訂版]

別 冊

本書と軽くのりづけされていますので,
はずしてお使いください。

理科

解答と解説

Gakken

身のまわりの現象

p.2 基礎の確認

1 光の反射
①入射角

2 光の屈折
①小さい　②全反射

3 凸レンズと像
①焦点　②倒立
③実像　④正立　⑤虚像

4 音の性質と速さ
①振動　②音源　③振幅
④振動数　⑤高い　⑥大きい　⑦1020

5 力のはたらきと種類
①動き(運動の状態)
②垂直抗力　③重力
④作用　⑤大きさ

6 力の大きさとばねののび
①ニュートン　②100　③10　④比例
⑤フック　⑥2.4

7 2力のつり合い
①大きさ　②向き　③同一直線上(一直線上)

☆これが重要！
凸レンズによる像の作図は，光軸に平行な光やレンズの中心を通る光，焦点を通る光のうちの2本を使って行う。ばねののびは，加える力の大きさに比例することに注目しよう。

---

p.4 実力完成テスト

1 (1)∠P＝∠Q　(2)反射の法則　(3)ア
(4)(光の)屈折

解説 (1)(2)光が物体に当たって反射するときは，**入射角＝反射角**。これを**反射の法則**という。
(3)(4)光がある物質から種類のちがう物質に進むとき，境界面で曲がる現象を**光の屈折**という。

2 (1)右図
(2)虚像

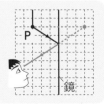

解説 (1)鏡で反射した光は，鏡の裏側の，鏡をはさんで小球Pと対称の位置から出たように進む。
(2)鏡で見える像は，スクリーンに映すことができない虚像である。

3 (1)右図
(2)①実像
　　②逆
　　③大きい
(3)できない。
(4)虚像　(5)できない。

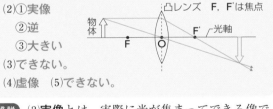
凸レンズ　F, F'は焦点
物体　F　O　F'　光軸

解説 (2)**実像**とは，実際に光が集まってできる像で，スクリーンに映すことができる。実像の向きは物体と上下左右が逆である。
(3)作図すると，光線どうしは交わらない。
(4)本文p.2右下図のような像が見える。レンズを通して見ると，物体より大きな像が見える。これはレンズで屈折した光を目がとらえて見える見かけの像なので，スクリーンには映らない。

4 (1)イ　(2)1700 m

解説 (1)RをPに近づけているので，弦の振動する部分は長くなっている。したがって，弦をはじく強さは同じなので，大きさは変わらず音は低くなる。そのときの音の波形は，1回の振動を表す山や谷の間が長くなる。
(2)打ち上げたところまでの距離＝音の速さ×音の伝わる時間　したがって，340 m/s×5 s＝1700 m

5 (1)①重力　②比例　③フックの法則
(2)12.0 cm　(3)100 g

解説 (1)②③グラフは**原点を通る直線**になっているから，ばねののびは，力の大きさに**比例**している。この関係を**フックの法則**という。
(2)求めるばねののびをxとすると，図2より，0.4 N：0.8 N＝6.0 cm：x　　$x＝12.0$ cm
(3)ばね全体の長さが25 cmになったとき，ばねののびは15 cmであるから，ばねに加わる力の大きさをyとすると，0.4 N：y＝6.0 cm：15 cm　　$y＝1.0$ N
よって，おもりの質量は100 gである。

6 (1)エ　(2)5 N

解説 2つの力がつり合っているとき，それぞれの力は，**大きさが等しく，向きが反対で，同一直線上**にある。

2日目 身のまわりの物質

1 物質の性質
①有機物 ②無機物 ③電気 ④延性
⑤金属光沢 ⑥非金属 ⑦質量 ⑧1
⑨混合物

2 物質の状態変化
①変わらない ②融点 ③沸点 ④純粋な物質
⑤融点 ⑥沸点 ⑦蒸留 ⑧エタノール

3 気体の性質
①水上置換法 ②上方置換法 ③下方置換法
④石灰石 ⑤大きい
⑥過酸化水素水(オキシドール) ⑦水上置換法
⑧塩酸 ⑨水上置換法 ⑩小さい ⑪上方置換法

4 水溶液の性質と濃度
①溶質 ②溶媒 ③ろ過 ④溶質 ⑤20

5 溶解度
①溶解度 ②飽和水溶液 ③結晶 ④下げる

☆ これが重要!

気体の集め方は，その気体の水へのとけ方と空気と比べたときの密度の大きさで決める。純粋な物質の融点や沸点は，物質によって決まっている。再結晶の方法には，水溶液を冷やす方法と，水を蒸発させる方法がある。

---

p.8 実力完成テスト

1
(1)二酸化炭素
(2)砂糖，木片，プラスチック片
(3)金属光沢 (4)7.9 g/cm³ (5)浮く。

解説 (1)(2)**有機物**とは，**炭素をふくむ物質**のことである。有機物を燃やすと**二酸化炭素**が発生するため，石灰水が白くにごる。
(4)$6.3 g \div 0.8 cm^3 = 7.875 g/cm^3$より，$7.9 g/cm^3$
(5)(4)より，鉄の密度は水銀の密度より小さいので，鉄は水銀に入れると浮く。

2
(1)状態変化 (2)エ (3)大きくなる。

解説 (1)(2)ふつう物質は，固体から液体になるときに体積がふえるが，**水の場合は氷から水になるときに体積が減る**。また，状態変化しても質量は変わらない。

---

(3)物質が固体→液体→気体と状態変化すると，粒子の運動は激しくなり，粒子間の距離は大きくなる。

3
(1)X…水素 Y…二酸化炭素
(2)図1…水上置換法 図2…下方置換法
(3)水にとけにくい気体 (4)白くにごる。

解説 (3)水上置換法は，気体を水と置きかえて集めるため，**水にとけにくい気体**を集めるのに適している。一方，下方置換法は，**水にとけやすく空気より密度の大きい気体**を集めるのに適している。

4
(1)液体が急に沸騰するのを防ぐため(突沸を防ぐため)。
(2)エタノール (3)水
(4)加熱をやめたときに，集めた液体が逆流しないようにするため。
(5)蒸留

解説 (1)沸騰石には，小さな穴がたくさん空いている。水の中に入れると，穴にふくまれていた泡が核となって，沸騰がおだやかに進む。
(2)(3)**ア**はエタノールの沸点，**イ**は水の沸点の近くである。そのため，**ア**のときはエタノール，**イ**のときは水が多くふくまれる。

5
(1)硝酸カリウム (2)(約)60 g
(3)右図 (4)ミョウバン

解説 (1)硝酸カリウム水溶液の溶質は硝酸カリウム，溶媒は水である。
(2)硝酸カリウムは70℃の水100 gに約140 gとけ，50℃の水100 gに約80 gとける。したがって，結晶の量は，$140 g - 80 g = 60 g$
(3)ろうとのあしのとがった方がビーカーの壁に接しているようすがわかれば，液がかかれていなくても正解。
(4)温度変化による溶解度の変化が大きいミョウバンが適している。

6
(1)12.5 % (2)17 % (3)10 g

解説 (1)水の質量が$80 g + 60 g = 140 g$になるので，
$$\frac{20 g}{20 g + 140 g} \times 100 = 12.5 \%$$

(2)$\frac{10 g}{10 g + 50 g} \times 100 = 16.6\cdots$より，$17 \%$

(3)求める水の量をxとすると，
$$\frac{10 g}{10 g + (50 g - x)} \times 100 = 20 \%$$より，$x = 10 g$

3日目 電流とその利用

① 回路と電流・電圧
①A ②mA ③回路 ④V
⑤直列 ⑥並列

② 直列回路の電流・電圧
①どの点でも同じ ②和

③ 並列回路の電流・電圧
①等しい ②等しい

④ 電流と電圧の関係
①電気抵抗(抵抗) ②比例 ③10

⑤ 回路全体の抵抗
①和 ②小さい

⑥ 電力量・電流による発熱
①電力 ②電力量 ③4 ④時間

⑦ 静電気・電流の正体・放射線
①静電気 ②陰極線 ③電子 ④放射線

☆これが重要!
直列回路・並列回路での電流・電圧のきまりをつかんでおこう。オームの法則では、変形した式も使いこなせるようにしよう。電力、電力量の求め方も確認しておくこと。

1 (1)a (2)右図
(3)3.50 A (4)ア

解説 (1)電流計の+端子は、電源の+極側につなぐ。
(2)電池(電源)の記号は**長い方が+極、短い方が−極**である。
(3)−端子は5Aを用いているから、図3の上の数値を目盛りの$\frac{1}{10}$まで読む。
(4)電流は、乾電池の+極→−極の向きに流れる。

2 (1)直列回路 (2)3 A (3)3 A (4)3 V
(5)電熱線a…1Ω 電熱線b…2Ω

解説 (2)(3)直列回路を流れる電流の大きさは、どの点でも同じである。
(4)電熱線a、bに加わる電圧の和が9Vなので、

9 V−6 V＝3 V
(5)オームの法則より、電熱線a…3 V÷3 A＝1Ω
電熱線b…6 V÷3 A＝2Ω

3 (1)並列回路 (2)3 A (3)5 A
(4)電熱線a…6Ω 電熱線b…4Ω

解説 (2)P点を流れる電流は電熱線aとbに分かれて流れるため、電熱線bに流れる電流は、
5 A−2 A＝3 A
(3)Q点を流れる電流の大きさは、P点を流れる電流や、電熱線a、bを流れる電流の和と等しい。
(4)電熱線a、bには、電源の電圧と同じ電圧が加わる。よって、オームの法則より
電熱線a…12 V÷2 A＝6Ω
電熱線b…12 V÷3 A＝4Ω

4 (1)1.0 A (2)20 V
(3)電熱線P…20Ω 電熱線Q…40Ω
(4)60Ω (5)(どちらの抵抗よりも)小さくなる。

解説 (1)グラフより、10 Vで0.5 Aの電流が流れるから、20 Vのときに流れる電流の大きさをxとすると、
10 V：20 V＝0.5 A：x より、x＝1.0 A
(2)グラフより、12 Vで0.3 Aの電流が流れるから、0.5 Aの電流が流れるとき、電圧の大きさをyとすると、
12 V：y＝0.3 A：0.5 A より、y＝20 V
(3)それぞれの電熱線について、抵抗＝電圧÷電流で求める。
(4)(3)で求めた抵抗の値の和となる。
(5)並列回路の回路全体の抵抗の大きさは、各抵抗の大きさよりも小さくなる。

5 (1)6 W (2)2520 J (3)4.2 J

解説 (1)電力〔W〕＝電圧〔V〕×電流〔A〕で求める。したがって、5 V×1.2 A＝6 W
(2)発生した熱量〔J〕＝電力〔W〕×時間〔s〕で求める。したがって、7分間は420 sなので、
6 W×420 s＝2520 J
(3)水の温度上昇は、18℃−15℃＝3℃ また、水の量は200 gだから、水1 gの温度を1℃上げるのに必要な熱量は、
2520 J÷3℃÷200 g＝4.2 J/(℃・g) よって、4.2 J。

6 (1)ストロー (2)イ
(3)物質を透過する性質。

解説 (1)2本のストローは同種の電気を帯びている。
(2)放電管内を−極から+極に向かって流れる電子が当たり、回転車が回転した。

4 日目 電流と磁界

p.14 基礎の確認

1 磁石の磁界
①磁力　②磁界　③N　④磁力線

2 電流(導線)のまわりの磁界
①同心円　②右ねじ　③イ

3 コイルのまわりの磁界
①電流　②逆(反対)

4 電流が磁界から受ける力
①垂直　②逆　③ア　④イ

5 電磁誘導
①電磁誘導　②誘導電流　③強い　④多い
⑤大きい　⑥磁界　⑦逆向き　⑧大きく

6 直流と交流とその区別
①直流　②交流　③直流
④交流　⑤点滅　⑥波形

☆これが重要!

電流(導線)のまわりの磁界の向き，コイルのまわりの磁界の向きは**右手**を活用して確かめよう。電流が磁界から受ける力は，電流の向きと磁界の向きの両方を逆にすると，力の向きは元と同じになるよ。

p.16 実力完成テスト

1 (1)ア　(2)イ　(3)A

解説 (1)磁石の磁界の向きは，**N極から出てS極に向かう**ため，**A**の位置に置いた磁針のN極の指す向きは右の図のようになる。
(2)磁石のN極の中央付近では，磁界はN極からまっすぐ出ていくため，**B**の位置に置いた磁針のN極の指す向きは右の図のようになる。

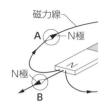

磁力線
A← N極
N極
B

2 (1)同心円　(2)イ　(3)ウ　(4)逆になる。

解説 (1)まっすぐな導線を流れる電流がつくる磁界は，導線を中心とした半径の異なる複数の円が集まった同心円状の磁力線で表わされる。
(2)磁界の向きは導線を中心に上から見て時計(右)回りに円形にできている。右ねじの法則から，電流は**イ**の向きに流れている。

(3)導線(電流)からの距離が近いほど，磁界は強くなる。
(4)導線に流れる**電流の向きを逆**にすると，導線のまわりにできる**磁界の向きも逆**になる。

3 (1)Ⓐ…→　Ⓑ…←　(2)逆　(3)強くなる。
(4)コイルに流す電流を大きくする。または，コイルの巻数を多くする。

解説 (1)右手の親指以外の4本の指先を電流の向きに合わせて，コイルの内側の磁界の向きを求める。
(2)コイルの内側と外側では磁界の向きは逆になる。
(3)コイルの中に鉄心を入れて電磁石にすると，コイルだけのときに比べて磁界は非常に強くなる。

4 (1)N→S　(2)大きくなる。　(3)①Y　②X

解説 (1)U字形磁石の磁界の向きは，N極から出てS極に向かう向きである。
(2)導線に流れる電流がつくる磁界が強くなるので，導線の動きは大きくなる。
(3)U字形磁石のN極とS極の向き，または，導線に流れる電流の向きの1つだけが逆になると，導線の動く向きは逆になる。両方とも逆になると，導線の動く向きは変わらない。

5 (1)＋極側に振れる。　(2)大きくなる。
(3)振れない。
(4)現象…電磁誘導　理由…コイル内部の磁界が変化するから。

解説 (1)棒磁石のN極を差しこんだときと逆方向に振れる。
(2)**磁界を速く変化**させると，誘導電流が大きくなる。

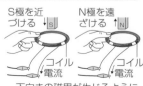

S極を近づける　↓S
N極を遠ざける　↑N
コイル　電流
コイル　電流
下向きの磁界が生じるようにコイルに電流が流れる。

(3)棒磁石をコイルの中で止めたままにしておくと，磁界の変化が起こらないので，**誘導電流は流れない**。

6 (1)交流　(2)(流れる)向き，大きさ(順不同)
(3)交流　(4)交流

解説 (1)直流の場合は，横軸(時間軸)に平行な直線が表示される。
(2)**直流**の電流は，**一定の向きに流れる**が，**交流**の電流は，**流れる向きや大きさがたえず変化している**。
(3)発光ダイオードは，決まった向きに電流が流れると光る。したがって，交流を流した場合は点滅するため，左右に振ると点線状に見える。
(4)交流には，簡単に電圧を変えられる利点がある。

✎ p.18 基礎の確認

1 分解
①分解 ②炭酸ナトリウム ③水
④二酸化炭素 ⑤銀 ⑥酸素 ⑦金属光沢

2 水の電気分解
①電気分解 ②水素 ③酸素 ④陰極

3 原子と分子
①原子 ②分子 ③しない ④元素
⑤元素記号 ⑥H ⑦C ⑧O ⑨Fe ⑩Cu

4 単体と化合物・化学式
①単体 ②化合物 ③硫化鉄 ④化学式
⑤H_2O ⑥FeS ⑦Ag_2O

5 化学反応式
①化学反応式 ②同じ

☆ これが重要！

炭酸水素ナトリウムは炭酸ナトリウム，水，二酸化炭素に分解し，水は水素と酸素に分解する。鉄と硫黄が結びつくと，化合物である硫化鉄ができる。

---

p.20 実力完成テスト

1 (1)発生した水が試験管の加熱部分に流れて試験管が割れるのを防ぐため。
(2)白くくもる(水滴がつく)。 (3)ウ
(4)白くにごる。 (5)炭酸ナトリウム

解説 (1)発生した水が試験管の加熱部分に流れ，試験管が急冷すると割れるおそれがある。
(2)発生した水蒸気が口付近で冷やされ，水滴となって試験管につくため，白くくもる。
(3)青色の塩化コバルト紙に水がつくと，赤色(または桃色)に変化する。
(5)見た目は同じ白色の固体であるが，炭酸水素ナトリウムは分解後，炭酸ナトリウムに変化する。

2 (1)銀 (2)金属光沢を示す。
(3)酸素 (4)分解

解説 (1)黒色の粉末(酸化銀)が白っぽい粉末(銀)に変化する。
(2)白っぽい粉末をかたいものでこすると，金属光沢を示す(銀色を示す)。

(3)(4)酸化銀を加熱すると銀と酸素に分解する。
酸化銀→銀＋酸素

3 (1)電流が流れやすくなるようにするため。
(2)A…水素 B…酸素 (3)A…ウ B…エ

解説 (1)純粋な水には電流が流れないので，水酸化ナトリウムや硫酸を少量加える。
(2)水を分解すると，次のように気体が発生する。

電極	陰極	陽極
発生気体	水素	酸素
体積比	2	1

発生した気体の体積から読みとる

(3)火を近づけると水素はポッと音を立てて燃える。酸素の中に火のついた線香を入れると，線香は炎を上げて燃える。

4 (1)イ (2)水分子 (3)二酸化炭素分子
(4)塩素…Cl 硫黄…S 銅…Cu 銀…Ag

解説 (1)原子の質量は，原子の種類(元素)によって異なる。
(2)水素原子2個と酸素原子1個からできる水分子H_2Oを表している。
(3)炭素原子1個と酸素原子2個からできる二酸化炭素分子CO_2を表している。

5 (1)反応で発生した熱によって反応が進んでいくから。 (2)物質名…硫化鉄 化学式…FeS
(3)B (4)A

解説 (1)鉄と硫黄が結びつくと熱が発生する。この熱によって反応は加熱しなくても進んでいく。
(2)Fe(鉄)＋S(硫黄)→FeS(硫化鉄)
(3)Aで生じた硫化鉄は，鉄の性質も硫黄の性質ももっていない。一方，Bは鉄と硫黄の混合物で，鉄の性質も硫黄の性質ももっている。
(4)Aでは硫化水素，Bでは水素が発生する。

6 (1)① Fe＋S→FeS
② $2NaHCO_3$→Na_2CO_3＋CO_2＋H_2O
(2)① 2, 4, ×, O_2 ②×, ×, ×, CuS
(3)$2H_2O$→$2H_2$＋O_2

解説 (1)①鉄(Fe)と硫黄(S)が結びつき，硫化鉄(FeS)ができる。 ②炭酸水素ナトリウム($NaHCO_3$)が分解して，炭酸ナトリウム(Na_2CO_3)と二酸化炭素(CO_2)と水(H_2O)ができる。化学反応式を書くときは，反応の前後(→の左右)で，原子の種類と数が合うことを必ず確認する。

が起こっている。

p.22 基礎の確認

1 酸化
①酸化 ②燃焼 ③酸化物 ④酸化鉄
2 還元
①還元 ②二酸化炭素 ③水 ④同時
3 化学変化の前後の質量
①変化しない ②減る ③等しい ④ふえる
4 質量保存の法則
①質量保存
5 金属と結びつく酸素の質量
①酸素 ②0.4
6 反応する物質の質量の割合
①1.0 ②0.2 ③酸化マグネシウム ④1.2
7 化学変化と熱
①発熱反応 ②吸熱反応 ③吸熱

☆これが重要！
　酸化と還元はどのような反応か，また，質量保存の法則についても理解しよう。反応する物質の質量の割合の規則性や，発熱・吸熱反応のおもな例をつかんでおこう。

p.24 実力完成テスト

1 (1)0.2 g (2)酸化 (3)(例)よくかき混ぜる。

解説 (1)図2で，グラフが横軸に対して平行になったとき，すなわち，質量がふえなくなったときの質量1.0 gが，銅がすべて反応してできた酸化銅の質量である。結びついた酸素の質量＝酸化銅の質量－銅の質量なので，1.0 g－0.8 g＝0.2 g
(3)銅の粉末が酸素とふれやすくする。そのために銅の粉末をできるだけ広げたりよくかき混ぜたりする。

2 (1)酸化銅…黒色　木炭…黒色
(2)白くにごる。
(3)①酸化銅 ②銅 (4)ウ

解説 (1)銅は赤褐色をしているが，十分に酸化した酸化銅は，黒色である。
(2)二酸化炭素が発生するので白くにごる。
(4)酸化銅から酸素がうばわれる反応(還元)が起こると同時に，木炭(炭素)が酸素と結びつく反応(酸化)

3 (1)二酸化炭素 (2)硫酸バリウム (3)B
(4)C (5)物質の出入りがなかったから。

解説 (1)塩酸＋炭酸水素ナトリウム→塩化ナトリウム＋二酸化炭素＋水
(2)水酸化バリウム＋硫酸→硫酸バリウム＋水
硫酸バリウムは水にとけず，白色の沈殿になる。
(3)Bでは，空気中の酸素が銅と結びつく。
(4)Aでは，発生した気体が容器の外に出ていく。
(5)Cの反応では，沈殿ができるだけで，物質がビーカーの外に出たり，中に入ったりしない。

4 (1)2.5 g (2)0.5 g (3)酸化マグネシウム
(4)エ (5)銅…4.0 g マグネシウム…1.5 g

解説 (1)グラフより，銅1.6 gを加熱すると2.0 gの酸化銅が得られるため，銅の質量：酸化銅の質量＝1.6 g：2.0 g＝4：5　よって，銅2.0 gから得られる酸化銅の質量をxとすると，4：5＝2.0 g：x　x＝2.5 g
(2)酸化銅が2.5 gできたので，結びついた酸素の質量は，2.5 g－2.0 g＝0.5 g
(4)マグネシウム1.2 gを加熱すると2.0 gの酸化マグネシウムが得られるから，マグネシウムの質量：酸化マグネシウムの質量＝1.2 g：2.0 g＝3：5
(5)結びつく酸素の質量と金属の質量の比は，銅では1：4，マグネシウムでは2：3である。よって，銅は1.0 g$\times\dfrac{4}{1}$＝4.0 g，マグネシウムは1.0 g$\times\dfrac{3}{2}$＝1.5 gとなる。

5 (1)H_2 (2)0.7 g (3)150 cm³

解説 (1)うすい塩酸に亜鉛を加えると，次のように反応して，水素が発生する。
Zn(亜鉛)＋$2HCl$(塩酸)→$ZnCl_2$(塩化亜鉛)＋H_2(水素)
(2)この塩酸20 cm³は，0.8 gの亜鉛と過不足なく反応し，それ以上の亜鉛は反応しないで残る。したがって残った亜鉛の質量は，1.5 g－0.8 g＝0.7 g
(3)塩酸の量を半分の10 cm³にすると反応する亜鉛の最大の質量も半分になるので，0.4 gの亜鉛が過不足なく反応する。このとき，発生する気体も半分になる。

6 (1)ア (2)イ，ウ (3)ア (4)イ，ウ

解説 アは発熱反応で，鉄が酸化されるときに熱が発生するので，酸素が必要である。イは吸熱反応で，アンモニアが発生する。ウは吸熱反応で，二酸化炭素が発生する。

7日目 植物の種類と生活

p.26 基礎の確認

1 身近な生物の観察
①よい ②おしべ ③子房

2 水中の小さな生物と顕微鏡
①ミジンコ ②ミカヅキモ ③接眼 ④対物
⑤反射鏡 ⑥プレパラート ⑦対物

3 花のつくり
①被子 ②花弁 ③めしべ
④種子 ⑤裸子

4 根・葉・茎のつくり
①ひげ根 ②主根 ③気孔 ④蒸散 ⑤裏側
⑥師管 ⑦維管束 ⑧双子葉類 ⑨ア ⑩イ

5 光合成と呼吸
①二酸化炭素 ②デンプン ③酸素 ④酸素

6 植物の分類
①胞子 ②ない

☆これが重要！

　単子葉類と双子葉類の根・茎・葉のつくりのちがいを整理する。光合成の実験では，日光が当たった葉の葉緑体でデンプンがつくられることをおさえる。実験の操作は，その理由といっしょに覚えよう。

---

p.28 実力完成テスト

1 (1)(例)日当たりのよい場所 (2)タンポポの花
(3)めしべ…イ，子房…オ

解説 (1)タンポポは，畑や野原，道ばたなど日光がよく当たり，乾いているところに生えている。日光があまり当たらない，しめったところには，ドクダミ，ゼニゴケなどが生えている。
(2)手に採ったタンポポなどの花を観察するときは，ルーペを目に近づけてしっかり持ち，**観察するものを前後に動かしてよく見える位置をさがす。**

2 (1)A…イ　B…エ　(2)a　(3)400倍
(4)広さ…せまくなる。　明るさ…暗くなる。
(5)遠ざけていく。

解説 (1)AのミドリムシとBのミカヅキモは緑色で，葉緑体をもち光合成を行う。ふつう緑色のなかまは動かないが，ミドリムシはべん毛という1本の毛の

ようなものをもち，水の中を活発に動き回ることができる。
(2)aは接眼レンズ，bは対物レンズ。ごみが入らないように**接眼レンズを先にとりつける。**
(3)顕微鏡の倍率は，**接眼レンズの倍率×対物レンズの倍率**で求める。10×40＝400倍
(5)接眼レンズをのぞきながら対物レンズとプレパラートを近づけるとぶつける可能性があるので，遠ざけながらピントを合わせる。

3 (1)めしべ…エ　おしべ…ア　(2)受粉
(3)A…果実　B…種子　(4)胚珠

解説 (2)めしべの先を**柱頭**，もとのふくらんだ部分を**子房**という。受粉は花粉が柱頭につくことである。
(4)図2はマツの雌花のりん片で，Cは胚珠である。

4 (1)単子葉類…ア，エ，オ
双子葉類…イ，ウ，カ　(2)C　(3)E　(4)蒸散

解説 (1)単子葉類は，根は**ひげ根**で，茎の維管束は**散在**し，葉脈は**平行(平行脈)**である。双子葉類は，根には**主根**と**側根**があり，茎の維管束は**輪状**で，葉脈は**網目状(網状脈)**である。
(3)茎の中心側に**道管**がある。
(4)気孔には，水蒸気の出口と，酸素や二酸化炭素の出入り口としての役割がある。

5 (1)葉にあるデンプンをなくすため。
(2)葉の緑色をぬくため。　(3)ウ　(4)呼吸

解説 (1)光合成を行う前に葉にデンプンが残っていると，光合成によってできたかどうかわからない。
(3)アはふの部分で**葉緑体がない。**イは日光が当たっていない。

6 (1)A…胚珠が子房の中にあるか。
B…子葉の数が何枚か。
(2)ア…被子植物　イ…双子葉類
(3)イチョウ，ソテツ　(4)ワラビ

解説 (1)Aでは，胚珠が子房の中にあるかどうかで分ける。Bでは，子葉の数が1枚か2枚のどちらかで分ける。
(2)ア胚珠が子房の中にあるのは**被子植物**。
イ子葉が1枚のものは**単子葉類**，2枚のものは**双子葉類**。
(4)ゼニゴケも胞子でなかまをふやす植物だが，根・茎・葉の区別はない。

8 日目 大地の変化

p.30 基礎の確認

1 地層のでき方
①侵食 ②運搬 ③堆積 ④小さい

2 堆積岩と化石
①堆積岩 ②化石
③示相化石 ④示準化石

3 火山とマグマ，火山の恩恵と災害
①マグマ ②強い ③白っぽい
④地熱 ⑤火山ガス

4 火成岩と鉱物
①火成岩 ②火山岩 ③斑状 ④深成岩
⑤等粒状 ⑥無色 ⑦有色

5 地震のゆれと伝わり方
①初期微動 ②主要動 ③長い

6 震度とマグニチュード，地震の原因，地震災害，地層の変形
①震度 ②マグニチュード ③プレート
④津波 ⑤断層 ⑥しゅう曲

☆ これが重要！

　マグマのねばりけと火山の形の関係や火山岩と深成岩のでき方とつくりを理解しよう。地震では，初期微動継続時間の長さと震源からの距離の関係をおさえよう。マグニチュードと震度のちがいに注意。

---

p.32 実力完成テスト

1 (1)堆積(のはたらき) (2)ア→イ→ウ (3)泥

解説 (1)流れる水のはたらきによって運ばれた土砂が海底に堆積し，押し固められて地層ができる。
(2)(3)堆積物の**粒の大きい順に，れき，砂，泥**である。堆積物の粒の大きさが小さいものほど，なかなか沈まないので，海岸から遠くに運ばれる。よって，**ア**はれき，**イ**は砂，**ウ**は泥が堆積している。

2 (1)泥 (2)火山灰(火山噴出物)
(3)れき岩の層 (4)自然環境…海岸に近い浅い海 化石…示相化石 (5)ア

解説 (1)**泥岩**は泥が押し固められてできる。
(2)**凝灰岩**は火山灰などの火山噴出物が押し固められてできる。

(3)大地の変動がなければ下の地層ほど古い。
(5)泥は海岸から遠くで，砂は海岸の近くで，れきは海岸の最も近くで堆積する。

3 (1)マグマ (2)溶岩 (3)火山ガス
(4)マグマのねばりけのちがい。

解説 (1)(2)地下にある高温でどろどろした液体状の物質を**マグマ(A)**といい，そのマグマが噴火で地表に流れ出たものを**溶岩(B)**という。
(3)地下のマグマが上昇すると，マグマにとけきれなくなった気体成分が気泡になり，マグマが膨張して噴火が起こる。マグマから出てきた気体を火山ガスという。
(4)マグマの**ねばりけが弱いほど，火口から噴出すると流れやすくなり，平らな形の火山になる。**

4 (1)図1…深成岩 図2…火山岩
(2)地下深くでゆっくり冷えた。
(3)ア…斑晶 イ…石基
(4)有色鉱物…ア，ウ，エ，カ ほとんどの火成岩にふくまれる鉱物…イ

解説 (1)**図1**は**等粒状組織(➡深成岩)，図2**は**斑状組織(➡火山岩)**。
(3)**ア**は大きな結晶で**斑晶，イ**は小さな結晶や結晶になれなかったガラス質の部分で**石基**である。

5 (1)A…P波 B…S波 (2)8 km/s (3)25秒
(4)震源からの距離が長くなると，初期微動継続時間は長くなる。(震源からの距離と初期微動継続時間は比例する。)
(5)地震の規模(地震のエネルギー)

解説 (1)速い波(P波)が到着したグラフが**A**で，遅い波(S波)が到着したグラフは**B**である。
(2)グラフ**A**では，地震の波は25秒間に200 km進んでいるから，波の速さ$= \dfrac{200 \text{ km}}{25 \text{ s}} = 8 \text{ km/s}$
(3)震源から200 kmの地点では，P波は25秒後，S波は50秒後に到着。初期微動継続時間$= 50 \text{ s} - 25 \text{ s} = 25$秒
(5)マグニチュードは，**地震そのものの規模(エネルギー)**の大小を表すもので，**値が1大きくなると，エネルギーは約32倍になる。**

6 (1)断層 (2)しゅう曲 (3)ア

解説 (1)地層に両側から押し合う力がはたらいて生じる断層もある。
(2)激しいしゅう曲が起こった地層では，地層の上下関係が逆転しているところもある。

動物の種類と生活

9 日目

📝 p.34 基礎の確認

1 生物と細胞
①細胞 ②単細胞 ③多細胞 ④細胞質
⑤細胞膜 ⑥葉緑体

2 感覚器官と刺激の伝わり方
①感覚器官 ②網膜 ③鼓膜 ④中枢神経
⑤運動神経 ⑥反射

3 骨格と筋肉のしくみ
①関節 ②縮み ③ゆるむ

4 食物の消化と吸収
①消化 ②消化酵素 ③柔毛

5 血液とその循環
①体循環 ②赤血球 ③白血球 ④血小板
⑤血しょう ⑥組織液

6 呼吸と排出
①気管支 ②肺胞 ③尿素

7 動物の分類
①脊椎動物 ②無脊椎動物 ③節足動物
④軟体動物

☆ **これが重要！**
反射の中枢は**脊髄**などで，無意識に反応する。消化された栄養分は，小腸の小さな突起である柔毛から吸収される。

---

p.36 実力完成テスト

1 (1)ア…細胞壁 エ…液胞 オ…核
(2)オ (3)イ

解説 (2)核がよく染まる。酢酸カーミン液のほかに，**酢酸オルセイン液**もよく用いられる。
(3)**イの細胞膜**と**オの核**は，植物の細胞にも動物の細胞にもある。**エの液胞**は植物の細胞で発達し，動物の細胞では発達していない。**ウは葉緑体**を表していて，植物の細胞にしかない。

2 (1)脊髄 (2)運動神経
(3)①目 ②耳 (4)E，C，A，D，F (5)反射

解説 (1)中枢神経は**A**，**B**で，**A**は脊髄，**B**は脳である。
(2)感覚器官(**E**)が受けとった刺激を中枢神経に伝え

る末しょう神経が感覚神経(**C**)，中枢神経からの命令を筋肉(**F**)に伝える末しょう神経が運動神経(**D**)である。
(4)(5)熱いやかんに手がふれたときの反射の命令は，脳ではなく**脊髄**から出される。反射はすばやく起こる無意識の反応である。

3 (1)ア…けん イ…関節
(2)A…ゆるむ B…縮む

解説 (1)ヒトのうででは，筋肉の両端は**けん**になっていて，**関節**をへだてて2つの骨に結びついている。
(2)うでをのばすとき，うでを曲げる筋肉がゆるむ。

4 (1)A，D，E，G，C，H (2)F (3)B
(4)柔毛 (5)ア

解説 (1)消化管は，口(**A**)→食道(**D**)→胃(**E**)→小腸(**G**)→大腸(**C**)→肛門(**H**)と続く1本の長い管である。
(2)すい臓(**F**)から出される**すい液**には，デンプンやタンパク質，脂肪を消化するはたらきがある。
(3)**胆汁**は，肝臓(**B**)でつくられ，胆のうに一時たくわえられてから出される。
(5)ブドウ糖やアミノ酸は**柔毛**の毛細血管(**ア**)に吸収される。**イ**はリンパ管で，脂肪を吸収する。

5 (1)肺循環 (2)D (3)E (4)D

解説 (2)酸素は，肺を通った直後の血液に最も多い。**静脈**とは心臓に戻る血液が流れる血管である。
(3)小腸で栄養分が吸収されたあとの血液中には，栄養分が多くふくまれている。
(4)動脈血とは酸素を多くふくむ血液である。

6 (1)酸素 (2)表面積が大きくなり，気体交換が効率よくできる。 (3)じん臓
(4)尿素などの不要物をこしとる。

解説 (1)肺胞では血液中から二酸化炭素が出され，酸素がとり入れられる。
(3)(4)ソラマメの形をした器官は**じん臓**である。じん臓は血液中から，**尿素**などの不要物をこしとる。

7 (1)①肺 ②うろこ ③胎生 (2)B，D，G
(3)無脊椎動物だから(背骨がないから)。
(4)軟体動物

解説 (3)動物は背骨があるかどうかで**脊椎動物**と**無脊椎動物**に分けられる。イカには背骨がない。
(4)イカやマイマイなどは，無脊椎動物のうち，**軟体動物**に分類される。

天気とその変化

📝 p.38 基礎の確認

1 気象観測
①湿度 ②気圧 ③晴れ ④北東

2 空気中の水蒸気量
①露点 ②高く ③飽和水蒸気量 ④湿度
⑤飽和水蒸気量

3 雲のでき方
①上昇 ②膨張 ③低下 ④太陽

4 圧力と大気圧
①圧力 ②大気圧

5 気圧と風，前線と天気の変化
①強い ②下降 ③上昇 ④温帯低気圧
⑤北 ⑥下がる ⑦南 ⑧上がる

6 日本の天気の特徴，大気の循環
①気団 ②シベリア ③小笠原
④オホーツク海 ⑤偏西風
⑥西から東 ⑦西高東低 ⑧南高北低
⑨移動性

☆ これが重要！

　湿度の計算や，気温と飽和水蒸気量のグラフの読みとりに慣れておこう。雲のでき方は，空気が上昇→膨張→温度低下→水蒸気の凝結。また，**寒冷前線**や**温暖前線**のつくりと天気の変化はおさえておこう。

🔷 p.40 実力完成テスト

1 (1)ウ (2)晴れ
(3)山頂の方が麓よりも大気圧が小さい(気圧が低い)から。
(4)右図
(5)A面 (6)40000 Pa

解説 (5)圧力の大きさは力を受ける面積に**反比例**する。
(6)面積の単位をm^2にする。$12 cm^2 = 0.0012 m^2$
$48 N \div 0.0012 m^2 = 40000 Pa$

2 (1)露点 (2)12.8 g (3)6.0 g

解説 (1)空気中の水蒸気が凝結し始める温度を**露点**という。
(2)(3)露点が15℃なので，空気1 m^3中には水蒸気が

12.8 gふくまれている。5℃まで温度を下げると，12.8 g－6.8 g＝6.0 gの水蒸気が水滴となって出てくる。

3 (1)ウ (2)くもりが消える。
(3)膨張し，下がり

解説 (1)ピストンをすばやく引いてフラスコの中の気圧が下がる(空気が膨張する)と，空気の温度が下がる。空気の温度が露点以下になると，水蒸気の一部が凝結して水滴となる。
(2)フラスコ内の空気が押し縮められると温度が上がり，生じていたくもりは消える。
(3)ピストンをすばやく引いたときと同じような現象が上空で起きている。

4 (1)図2 (2)イ (3)気流名…上昇気流
天気のようす…くもりや雨

解説 (1)図1は下降気流，図2は上昇気流を表している。低気圧の中心付近では，上昇気流が生じる。
(2)北半球の高気圧の地上付近では中心から時計回りに風がふき出ている。風の向きを表す矢印に注意。
(3)図2では上昇気流が生じているので，上空には**雲ができやすく，天気はくもりや雨になりやすい**。

5 (1)C (2)A (3)ア (4)B (5)ウ

解説 (1)日本列島の南にあればあたたかく，海の上にあればしめっている。
(2)日本の冬に影響するのは，シベリア気団(**A**)。
(3)温帯低気圧では，南西方向に**寒冷前線**(▼▼▼)，南東方向に**温暖前線**(●●●)をともなう。
(5)寒冷前線では暖気の下に寒気がもぐりこみ，温暖前線では寒気の上に暖気がはい上がって進む。

6 (1)ウ (2)ア (3)偏西風

解説 (1)冬型の気圧配置は**西高東低**といわれ，シベリア付近に高気圧，日本の北東海上に発達した低気圧がある。等圧線が南北方向にせまい間隔で並び，**寒冷な北西の季節風**が強くふく。
(2)春には**移動性高気圧**と低気圧が交互に日本付近を通過し，低気圧が発達して突風がふくなど，天気が不安定で変わりやすいことがある。
　イは南高北低の夏型の気圧配置である。
(3)地球の大気は，地球の表面が受ける太陽からの光のエネルギーが緯度によって異なることから気圧差が生じ，そのために風がふいて大気が**循環**している。日本が位置する北緯30度から北緯60度付近の上空では，ほぼ1年中**西から東**へ強い偏西風がふいている。

総復習テスト 第1回

1 (1)エ
(2)右図

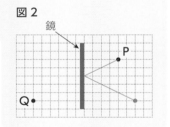

解説 (1)水中から空気中に進む光は，境界面（水面）で，**入射角＜屈折角**となる。したがって，実際の光は右図の実線（——）のように進むが，空気中からコインを見ると，光は点線（……）のようにまっすぐ進んでくるように見えるので，コインは浮いているように見える。

(2)鏡に映って見える像は，物体とは鏡をはさんで対称の位置にある。また，物体からの光が鏡で反射する点は，右図のように，像Qと観察者Pを結ぶ直線と，鏡の面との交点Rである。よって，光の進む道すじは，物体→点R→点Pとなる。

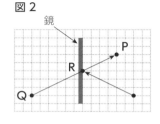

このように，物体から出た光が鏡の面の点Rで反射することがわかり，右図のように，点Rにおいて，鏡に対して垂直な線を引くと，**入射角a＝反射角b**が成立していることもわかる。

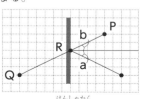

2 (1)水面からの水の蒸発を防ぐため。
(2)気孔 (3)$d＝b＋c－a$ (4)6時間
(5)X…蒸散 Y…道管

解説 (1)植物から蒸発（蒸散）する量を調べる実験なので，水面から水が蒸発してしまうと，蒸散量を正しく測定することができない。

(2)葉の表皮にある1対の三日月形をした細胞（孔辺細胞）に囲まれたすきまを気孔という。蒸散では水蒸気が気孔から出る。また，光合成や呼吸では酸素や二酸化炭素が出入りする。

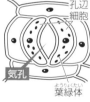

孔辺細胞
気孔
葉緑体

(3)蒸散する場所と蒸散量の関係は次の通りである。
A…$a＝$ 葉の表＋葉の裏＋茎
B…$b＝$ 葉の表　　　＋茎
C…$c＝$ 　　　葉の裏＋茎
D…$d＝$ 　　　　　　茎
したがって，$d＝b＋c－a$となる。

(4)(3)の式を変形し，$a＝b＋c－d$より，$a＝16.0$gである。よって，10.0gの水が減るのにかかる時間は，

$$10時間 \times \frac{10.0 \text{ g}}{16.0 \text{ g}} ＝6.25時間 となる。$$

(5)植物の蒸散による効果には，根からの吸水，道管の中の水を吸い上げること，植物体の温度上昇を防ぐことなどがある。

3 (1)$NaCl＋H_2O＋CO_2$ (2)質量保存の法則
(3)ア

解説 (1)炭酸水素ナトリウムと塩酸が反応すると，$NaHCO_3 ＋ HCl → NaCl ＋ H_2O ＋ CO_2$となり，**塩化ナトリウムと水と二酸化炭素**ができる。このとき，発生した気体が二酸化炭素であることを確かめるには，気体を石灰水に通せばよい。二酸化炭素を石灰水に通すと，石灰水は白くにごる。

(2)化学変化において，反応の前後で質量は変化しない。これを**質量保存の法則**という。しかし，実験において，プラスチックの容器のふたをあけると，発生した二酸化炭素が容器の外に出ていくので，質量は軽くなる。

プラスチックの容器
炭酸水素ナトリウム
混ぜ合わせる
ふたをとる
うすい塩酸
全体の質量X　　全体の質量Y　　全体の質量Z
$X＝Y＞Z$ の関係になる。

(3)質量保存の法則が成り立つのは，**反応前後で原子の種類や数が変わらないからである**。そのため，反応前後の物質を構成する原子の組み合わせは変化しても，**質量は変化しない**。
例えば，
$NaHCO_3＋HCl→NaCl＋H_2O＋CO_2$において，

原子の種類	反応前の数	反応後の数
Na	1	1
H	2	2
C	1	1
O	3	3
Cl	1	1

原子の数は，反応前と反応後では，変化しない。

解説 (1)地層は，上下逆転やしゅう曲がない限り，下に堆積した地層ほど古く，上に堆積した地層ほど新しい。

(2)サンヨウチュウの化石のように，その化石をふくむ地層が堆積した時代を知る手がかりとなるものを**示準化石**という。示準化石となる生物の条件は，広い範囲に生息していた生物で，短期間に栄えて絶滅したことである。

地質年代	おもな化石
新生代	ビカリア，メタセコイア，ナウマンゾウ
中生代	アンモナイト，恐竜
古生代	サンヨウチュウ，フズリナ

一方，**示相化石**とは，その化石をふくむ地層が堆積した当時の環境を知る手がかりとなるものである。

生物	推定できる環境
サンゴ	あたたかく，浅い海
アサリ，ハマグリ	岸に近い浅い海
シジミ	海水と淡水の混ざる河口付近，湖
ブナ，シイ	やや寒冷な陸地

(3)**図2**のように，ほぼ同じくらいの大きさの鉱物が組み合わさったつくりを**等粒状組織**といい，**深成岩**の特徴である。等粒状組織をもつ岩石は，マグマが地下深くで長い時間をかけてゆっくりと冷え固まってできたものである。したがって，マグマの成分がよく発達して大きな鉱物となることができる。

一方，**火山岩**は，マグマが地表または地表近くで急に冷え固まってできたため，非常に小さな鉱物や，結晶になれなかったガラス質の部分の**石基**と，大きな鉱物である**斑晶**からできている。このようなつくりを**斑状組織**という。

火山岩　　　　深成岩

斑晶
石基

(4)地下のマグマの熱エネルギーを利用して行う発電を地熱発電という。地下のマグマによってできた高温・高圧の水蒸気でタービンを回して発電する。

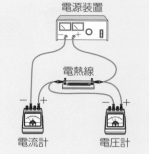

電源装置
電熱線
電流計　　電圧計

解説 (1)電流計は測定したいところに**直列**に接続し，電圧計は**並列**に接続する。

また，それぞれの＋端子は，電源の＋極側に，－端子は電源の－極側につなぐ。

(2)ア…電熱線a，電熱線bともに原点を通る直線になっている。よって，電熱線に流れる電流は，電圧に比例しているといえる。これを，**オームの法則**という。

イ…抵抗(電気抵抗)とは，電流の流れにくさのことである。電熱線a，電熱線bに流れる電流の大きさが100mAのとき，それぞれの電熱線にかかる電圧は，電熱線aでは3.0V，電熱線bでは2.0Vである。したがって，同じ電流を流すためには，電熱線aは電熱線bの1.5倍(3.0V÷2.0V＝1.5)の電圧を加えなければならない。つまり，電熱線aの抵抗は，電熱線bの抵抗の1.5倍であることがわかる。

具体的に計算をして求めてみると，電熱線aの抵抗は，3.0V÷0.1A＝30Ω，電熱線bの抵抗は2.0V÷0.1A＝20Ω　よって，30Ω÷20Ω＝1.5倍である。

(3)回路全体の抵抗Rは，$\dfrac{1}{R}=\dfrac{1}{30\ \Omega}+\dfrac{1}{20\ \Omega}$より，$R$＝12Ω　よって，回路に流れる電流は，オームの法則より，6.0V÷12Ω＝0.5A

よって，回路全体の電力P＝電圧V×電流Iなので，6.0V×0.5A＝3.0Wである。

または，電力P＝電圧V×電流I＝電圧V×$\dfrac{電圧V}{抵抗R}$より，6.0V×$\dfrac{6.0\ V}{12\ \Omega}$＝3.0Wと計算してもよい。

1 (1)C…ショ糖　D…ミョウバン
(2)5.8 g
(3)濃度…38%　記号…ウ

解説 それぞれの温度において，物質が水にとける質量は，**水の量(質量)に比例**する。
(1)A〜Dの4種類の物質が10℃の水10 g，60℃の水10 gにとける質量をまとめると次の表のようになる。

温度	10℃	60℃
硝酸カリウム	2.2	10.9
塩化ナトリウム	3.8	3.9
ショ糖	19.1	26.0以上
ミョウバン	0.8	5.7

Ⅰより，試験管Cでは，20℃の水10 gに対して，物質8.0 gがすべてとけているから，ショ糖である。(ショ糖は10℃ですでにすべてがとけている。)

Ⅱより，試験管Bでは，60℃の水10 gに対して，すべてとけたのだから，物質が8.0 gとける硝酸カリウムである(ショ糖も8.0 gとけるが，Ⅰより，Cである)。

Ⅲの操作では，ショ糖(Cの試験管に入っている)は，10℃の水10 gに19.1 gとけるから，結晶として出てこない。硝酸カリウム(Bの試験管に入っている)は，8.0 g－2.2 g＝5.8 gが出てくる。塩化ナトリウムは，3.9 g－3.8 g＝0.1 gが結晶として新たに出てくる(ただし，試験管内には，すでに8.0 g－3.9 g＝4.1 gのとけ残りがある)。したがって，新たに出てくる0.1 gの結晶は，ほとんど見ることができないことより，塩化ナトリウムは試験管Aに入っていたことになる。以上より，試験管Dにはミョウバンが入っていることがわかる。ミョウバンの結晶は，5.7 g－0.8 g＝4.9 gが新たに出てくる。
(2)硝酸カリウムは60℃の水10 gに10.9 gまでとけ，10℃の水10 gに2.2 gとける。用いた硝酸カリウムの質量は8.0 gであるから，結晶となって出てくるのは，8.0 g－2.2 g＝5.8 gである。
(3)$\dfrac{3.0 \text{ g}}{5.0 \text{ g}+3.0 \text{ g}}×100＝37.5\%$より，小数第1位を四捨五入して38%。

また，硝酸カリウムが100 gの水に対して，

$3.0 \text{ g}×\dfrac{100 \text{ g}}{5.0 \text{ g}}＝60 \text{ g}$とけるときの温度をグラフから見ると，約39℃である。

2 (1)天気…くもり　風向…南東
(2)記号…エ
前線…(例)気温が急に下がったから。
天気…(例)湿度が上昇した(高い)から。

解説 (1)天気記号は，右図のように，○の中に**天気**，矢の向きで**風向**，矢羽根の数で**風力**を表す。また，必要に応じて，気温を○の左に，気圧を○の右に書き加える。

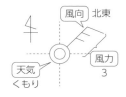

風向　北東
天気　くもり　風力　3

(2)寒冷前線が近づくと，**積雲状の雲**が現れ，しだいに天気が悪くなる。寒冷前線通過時には**強い雨**が降る(ときには雷雨となる)。したがって，**湿度は上昇**する。また，寒冷前線の通過にともなって，暖気から寒気におおわれるようになるため，**気温は大きく下がる**。

一方，温暖前線が近づくと，**層状の雲**が現れ，弱い雨が降り始める。温暖前線通過時には**おだやかな雨**が長い時間降り続く。また，温暖前線の通過にともなって，寒気から暖気におおわれるため，**気温は上昇**する。

	寒冷前線	温暖前線
表し方	▼▼▼	●●●
接近時	積雲状の雲が全天をおおい始める。	層状の雲ができ，弱い雨が降る。
通過時	短時間に雷雨や強い雨が降る。	おだやかな雨が降り続く。
通過後	気温が下がる。風は南寄り→北寄り	気温が上がる。風は東寄り→南寄り

また，寒冷前線と温暖前線のつくりは，下図のようになっている。

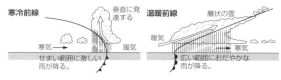

3 (1)エ
(2)(例)電流の向きを変えるはたらき。
(3)(例)コイルに流れる電流を大きくする。
(4)イ
(5)(例)コイルの内部の磁界が変化するから。

解説 (1)U字形磁石による磁界の向きは、**N極からS極の向きである**。また、コイルに流れる電流によって生じる磁界の向きは、右図のように、**電流が流れる向きに向かって時計回り(右回り)である**。この2つの磁界は、同じ向きで強め合

N
コイルのまわりの磁界
弱　強
コイル
U字形磁石の磁界
S
コイルに流れる電流は、手前から向こうに向かっている

い、逆向きで弱め合う。よって、コイルは磁界が強め合っている方から弱め合っている方に動き出す。
(2)整流子は、コイルが半回転(180°回転)するごとに、**電流の流れる向きを逆にする**はたらきがある。これにより、磁界による力が常に同じ向きにはたらき、コイルは同じ向きに回転を続けることができる。
(3)コイルの回転を速くするには、次の2つの方法などがある。
①U字形磁石を磁力の強いものに変える。
②コイルに流れる電流を大きくする。
(4)コイルの回転の向きを逆向きにするには、次の2つの方法がある。
①U字形磁石のN極とS極を逆にする。
②コイルに流れる電流の向きを逆にする。
ただし、①と②を同時に行うと、コイルはそれまでと同じ向きに回転する。
(5)コイルを回転させると、コイルの内部の磁界が変化するために、電圧が生じて電流が流れる。このようにして流れる電流を**誘導電流**という。

---

4 (1)組織液　(2)ア　(3)h　(4)b、c

解説 (1)右図のように、血しょうの一部が、毛細血管からしみ出し、細胞の間にたまったものを組織液という。**血しょうは栄養分をとかしこんで、からだ中の細胞に運び、二酸化炭素や不要物を運び去るはたらきをしている。**

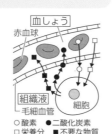

血しょう
赤血球
組織液
毛細血管　細胞
○酸素　●二酸化炭素
□栄養分　■不要な物質

(2)右図のように、小腸(器官Y)の柔毛の毛細血管に吸収されたブドウ糖とアミノ酸は、門脈(血管e)を通って、肝臓(器官X)に運ばれる。また、小腸で吸収された脂肪酸とモノグリセリドは、再び脂肪に合成されたのち、柔毛のリンパ管に入り、リンパ液とともに運ばれ、のちに静脈血と合流する。

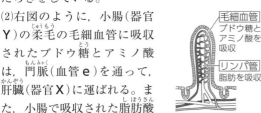

毛細血管
ブドウ糖とアミノ酸を吸収
リンパ管
脂肪を吸収

(3)図2より、器官Wは肺、器官Xは肝臓、Yは小腸、Zはじん臓である。尿素が少ないのはじん臓を通ったあとの血液なので、hを流れる血液中の尿素の割合が最も低くなっている。
(4)動脈血とは、**酸素を多くふくむ血液**なので、肺で酸素をとり入れ、全身の細胞に送られる血液のことである。したがって、bの**肺静脈**とcの**大動脈**を流れる。

---

5 (1)(例)出てくる蒸気(気体)の温度をはかるため。
(2)ア　(3)(左から)2、3

解説 (1)この実験は、混合物の蒸留の実験である。沸点のちがいを利用して混合物にふくまれる物質を分離するため、出てくる蒸気(気体)の温度を正確にはかる必要がある。そのため、温度計の球部は、枝つきフラスコの枝のつけ根の高さに調節する。
(2)試験管A〜Cに出てくる液体は、集めた順が早いほど、**沸点が低いエタノールをふくむ割合が高く**、集めた順が遅いほど、**沸点が高い水をふくむ割合が高い**。つまり、同じ体積で比べると、**Aの試験管の液体はエタノールを多くふくむため、最も密度が小さい。**
(3)化学変化の前後では、**原子の数や種類は変わらない**。よって、反応前の原子の数に注目し、次のように考える。
反応前のC：2個(エタノールにふくまれている)
⇒反応後のC：2個⇒CO_2の前の□□□は2があてはまる。
反応前のH：6個(エタノールにふくまれている)
⇒反応後のH：6個⇒H_2Oの前の□□□は3があてはまる。H_2OにはH原子が2個あって分子をつくっているので、□□□＝3であれば、H原子は合計6個になる。
最後に、Oについて確かめると、反応前はC_2H_6Oに1個、$3O_2$に6個、合計で7個ある。反応後は$2CO_2$に4個、$3H_2O$に3個、合計で7個あり、反応前の数と一致する。

10日間完成

中1・2の
総復習 [改訂版] 理科